光 明 城

LUMINOCITY

目录

写在前面

渡槽又叫“人工天渠”或者“天水飞渡”。它翻山越岭，涌现在半个多世纪前中国大兴农田水利设施的年代，是人民公社时期的标志性产物，其独特性体现在三点：

一、工程体系。自上而下的“技术下乡”与自下而上的传统营造技艺结合，采用了适合广大社员共同参与的施工组织形式。渡槽在形态的千变万化中保持了可以统计的工程技术稳定性，包含了当下或未来仍有科学意义的价值元素。

二、有意为之的纪念碑。渡槽是高架输水渠，从功能上看并没有纪念意义。但很多渡槽从诞生之日起，槽身上所镌刻的标语、图案和日期即使其具有了纪念碑的含义。如今伫立于苍茫田野之间，它更被视为特定年代的专属符号，凝结了无尽的集体记忆并带来了精神方面的联想。

三、乡土工业遗产。人民公社时期的乡土工业建筑是在我国广大乡村基于节约“三材”政策设计建造的农用设施，包括与生产系统关联的各类环境要素。其遗存经过价值甄别，上升为该段时期的遗产，是我国工业遗产谱系中的独特类型。作为人民公社时期的乡土工业遗产，很多渡槽不仅用于农业生产、防汛、发电，而且构成了基于农田水利格局的大地景观，反映着人与自然、人与制度的互动，可视为工业遗产在乡村社会的延伸。

人民公社制度创立于1958年，1983年宣告结束，历时25年。1978年十一届三中全会揭开了农村经济体制改革的序幕，1983年后的农村更成为制度改革的重点，乡土环境和社会关系具备了天生的历史感。遗憾的是，人民公社制度的退出导致大量渡槽被迅速弃用。白驹过隙、岁月消蚀，山乡的巨大变化被记录在渡槽这一水工构筑物上。当年的事件往往已经沉入了历史的水底，但激起的涟漪在时间中扩散，可能会超越个体的生命周期，因此对乡村渡槽的延续使用有其必要。

本书图文并茂，合计近7万字，140余幅图片。笔者通过实地勘察、口述访谈、文献整理，掌握了中国12省区市70余座渡槽的一手资料，并通过“91卫图”软件对长距离、跨区域的水利设施进行了图解分析，其中一些渡槽在建筑学领域是从未有过绘图的，因此某种程度上，本书试图弥补乡土建筑研究既有成果的些许短板，将分析的重点努力放在跨越时空的经纬线上，阐释影响乡村渡槽荣衰的工程因素和社会原因，以期为我国乡土工业遗产的利用和乡村文化的保护提供借鉴。管中窥豹，对乡村水利工程这一现象的剖析尽管才开始，但并未也不会终止。

1

文献见证

1974年，一幅油画引起了中央新闻纪录电影制片厂的关注，在影片《新时代的画卷》中详细加以介绍，它就是《引来银河水》。通过动感强烈的构图和红秋衣的装饰色彩，画家孙国岐、张洪赞以辽宁省庄河县的水利建设为蓝本，在作品中呈现出豪迈而抒情的中国气派，以艺术语言再现了时代主题——修建渡槽的劳动热情和劳动的美（**图1_1**）。

渡槽涌现在半个多世纪前我国大兴农田水利设施的年代。本书着眼于那段岁月修造的千万座乡村渡槽，它们是架空的输水构筑物，跨越河渠、道路、山谷、洼地，引水灌溉大江南北的沃野田畴，还有助于水力发电、排洪和交通。当时严重缺乏钢材、水泥和木材（俗称“三材”），

图1_1 孙国岐、张洪赞油画作品《引来银河水》（1974）

乡村水利工程无法采用倒虹吸式的混凝土下埋管道，而渡槽可以通过高架的渠道缩短流程，并能广泛地利用地方材料以应对“三材”短缺，最终塑造出建造意图清晰的乡村景观。

2014年开始，国际灌溉排水委员会（International Commission on Irrigation and Drainag，简称ICID）主持评定了世界灌溉工程遗产（World Heritage Irrigation Structures），评审关注的是灌溉工程对人类文明进程的促进或影响，申报项目必须满足建造年代在100年以上，工程设计、建造技术等领先于其所处的时代等条件。截至2021年，中国登录了26项世界灌溉工程遗产，均为距今数百年的、经得起时间淬炼的农田水利工程，其中一些古灌区与现代工业设施结合，形成了影响工程技术长期发展的重要合力，如宁夏引黄古灌区灌溉遗产融合了近现代水利工程的杰出成就，它们的灌溉体系内部均有很多渡槽。人民公社时期标志性的乡村渡槽距今时间短，正在被纳入当代建筑遗产保护的范畴。2019年四川省泸县奇峰渡槽（**图1_2**）、广东省罗定市长岗坡渡槽登录为第八批全国重点文物保护单位，它们忠实地见证了中华人民共和国的水利工程奇迹。

中国近现代建筑史的关注点主要集中在城市，因为各类研究资源较为充足、现场调研更为便利；在中华人民共和国成立后的30多年里，很多发生在偏远乡村的建设实践，由于公开的史料难以满足研究需要，相关积累与城市相比差距较大。以渡槽为代表的乡村水利工程是一定历史阶段中国乡土环境与社会关系的集中载体，它们承载了有关人、物和地点的记忆，是一个观察中国乡村建设的独特窗口。

“天水飞渡”并未远去，在铺展全文之前，先要充分梳理既有学术成果。

图1_2 “国宝”
四川省泸县奇峰渡槽

1.1

人民公社的制度背景

自1958年起，人民公社在神州大地上相继创立，继而掀起了“农业学大寨”的浪潮，它给乡村带来了革旧立新的规划和建造实践。成立人民公社的原因之一是“大跃进”初期的大规模农田水利建设，以及由此而来对农村经济形势的错误估计。[1] 在强大的动员力下，水利工程、造田运动、地形改造、村庄规划以一种空前的规模和统一的方式被推广。袁镜身先生（1919—2010）具有从战地记者到建筑大师的传奇经历，又是著名企业的创办者，他的《当代中国的乡村建设》系统地梳理了1949年至“农业学大寨”时期的中国乡村建设历程，分专题对设计、规划、施工、技术等作了系统介绍，是研究中华人民共和国成立最初30年乡村建设的重要著作。邹德侬先生的《中国现代建筑史》以20世纪20年代为起点论述了中国现代建筑的发展，其中对20世纪70年代“政治性、地域性、现代性”的论述，是观察特定时代下乡村建设的名篇。[2] 华揽洪先生（1912—2012）在《重建中国：城市规划三十年（1949—1979）》一书中，从规划到建筑、从城市到乡村全面地总结了中华人民共和国成立后的建设活动，剖析了人民公社时期的乡村工业化，今天依然是黄钟大吕之音。他在著作中以“城市与乡村的相互依存”为结尾，以湖南临澧县群英渡槽为全书最后一张图片，此书是从城市规划角度研究现代中国建设的关键文献，经过数十年的积淀，在今天尤显其真知灼见（**图1_3**）。[3]

1　熊启珍. 试论人民公社兴起的动力与理论依据[J]. 党史研究与教学，1997(2): 5-8.
2　邹德侬，戴路，张向炜. 中国现代建筑史[M]. 北京：中国建筑工业出版社，2010.
3　华揽洪. 重建中国：城市规划三十年（1949—1979）[M]. 李颖，译. 北京：生活·读书·新知三联书店，2006.

图1_3　湖南省
临澧县群英渡槽

1.2

有关水利建设的史源

原水利部农村水利司编著的《中华人民共和国农田水利史略：1949—1998》介绍了中华人民共和国农田水利事业的发展情况，书中梳理了1949—1998年农田水利工作大事记，分为恢复时期、第一个五年计划时期、“大跃进”时期、调整巩固时期、“文化大革命”时期等8个阶段，为中华人民共和国成立后的农田水利研究提供了扎实的基础信息。[1] 原水利部农村水利水土保持司等在1991年编撰了《中国灌区》，针对我国耕地少、水资源不丰富且时空分布差异极大的现实条件，对我国的灌区建设和农作物产量的关联进行了分析，分别对14个灌区给予了详述，是有助于观察灌区与地貌关系的统计资料。[2] 诸多企业和地方志书、技术政策汇编也是本研究的重要支撑。研究亦参考了《建筑学报》《建筑技术通讯》《农业考古》等刊载的文章：学者们对一些案例进行了重新解读，一些史实在时隔半个世纪后得以再度呈现。[3] 此外，现代建筑遗产距今时间短，为实地调研和口述记录提供了有利条件，个体记忆和整体史论互为印证，与珍贵的老照片共同构成了特别的史源。[4]

1952年后，通过院系调整，中国充实了浙江大学河港专业和华东

1 水利部农村水利司. 中华人民共和国农田水利史略：1949—1998[M]. 北京：中国水利水电出版社，1999.
2 水利部农村水利水土保持司，能源部水利部水利电力情报研究所. 中国灌区[M]. 北京：农业出版社，1991.
3 李安峰. “大跃进”期间农田水利建设评析——以昆明市为个案[J]. 农业考古，2012(1)：183-186.
4 朱羽. 社会主义与“自然”：1950—1960年代中国美术争论与文艺实践研究[M]. 北京：北京大学出版社，2018.

水利学院水利系等高等教育的人才梯队。水利实践最初是学习苏联的经验和方法，并通过工程总结及时归纳了中国特色。山东省打渔张引黄灌溉工程是我国第一个五年计划中的重点项目，技术人员不拘泥于苏联经验，凭借着艰苦的试验掌握了一套基于黄河地质条件的设计、施工和管理方法。1958年工程竣工后，技术人员对其予以详细总结，形成四册资料汇编，“可供从事灌溉工程规划设计的各大专院校农田水利系师生参考”[1]。

渡槽有标准化的计算方法，标准图和定型设计对于节约建设成本、科学规范地指导施工有直接的意义。自1958年起，国内开展了大量的定型设计和标准图编制工作，很快出版了石拱渡槽定型图集。[2] 广东省湛江市别称“港城”，旧名“广州湾”，境内具有十分丰富的水系，推进了大规模的渠系整治工程。湛江地区水利水电局编写的《渡槽》主要介绍了广东省装配式渡槽的技术经验，结合具体设计实例，对U形薄壳装配式渡槽的革新予以大力推广。[3] 该书图档颇为丰富，绘制了很多透视图和施工过程的图解，以通俗易懂的方式促进了技术在广大基层普及。

1　山东打渔张引黄灌溉管理局．山东打渔张引黄灌溉工程资料汇编（1—4册）[M]．北京：水利电力出版社，1959．
2　水利部北京勘察设计院．灌溉渠系水工建筑物定型设计——石拱渡槽[M]．北京：水利电力出版社，1958．
3　广东湛江地区水利水电局．渡槽[M]．北京：水利水电出版社，1977．

1.3

域外探索

国外学者的工作也丰富了社会主义中国的研究谱系。相关成果通过《东亚科学技术与社会国际学刊》(*East Asian Science, Technology and Society: An International Journal*)等发表，值得关注的是切入问题的旨趣体现了学者们各自不同的立场。2018年舒喜乐(Sigrid Schmalzer)教授的《红色革命，绿色革命：社会主义中国的"科学种田"》(*Red Revolution, Green Revolution: Scientific Farming in Socialist China*)获得了美国亚洲研究协会(Association of Asian Studies)年度图书奖，她关注"文化大革命"前后中国独特的农业科学与社会主义制度的关系，聚焦于20世纪60—70年代的科学种田展开讨论。[1] 该研究分析了与农业科学相关的事件，特别是如何通过土洋结合、知识分子向劳动人民传授经验获得农业增收(**图1_4**)。赵纪军和简·沃德斯特拉(Jan Woudstra)认为大寨在人民公社时期的农业现代化中占有举足轻重的地位，当需要农业用地养活不断增长的人口以解决大规模的贫困时，集体主义精神变得更加重要。[2]

图1_4 《红色革命，绿色革命：社会主义中国的"科学种田"》英文版封面

1 Sigrid Schmalzer. Red Revolution, Green Revolution: Scientific Farming in Socialist China[M]. Chicago, IL: University of Chicago Press, 2016.

2 Zhao Jijun, Jan Woudstra. 'Making Green the Motherland': greening the Chinese socialist undertaking (1949—1978)[J]. Studies in the History of Gardens & Designed Landscapes, 2012, 32(4): 21-25.

1.4

工程与社会

现代建筑的一个独特现象是随着科技和生活的日新月异，其类型不断增多。1979年佩夫斯纳（Nikolaus Pevsner，1902—1983）出版的《建筑类型史》（*A History of Building Types*）是现代建筑研究领域的代表作之一。作者通过图书馆、医院、工厂等类型的划分，表达了对现代社会秩序的肯定，这些类型均可以放在新的社会关系和建筑功能视野中进行案例解读。工业建筑的研究方兴未艾，近年来建筑学领域在节约“三材”、适宜的建造技术等方面涌现出研究佳例，以案例推动了建筑类型研究的探索，但本质上它们都在揭示技术背后的社会、经济和文化体制。“双曲砖拱”刻画出苏联建筑规范的传播[1]，“中国霍夫曼窑”体现出欧洲砖窑在中国落地的地方性轨迹[2]，“拱壳砖”再现了20世纪60—70年代中国建筑师在材料约束下的革新举措[3]。有关乡村渡槽的论述最早出现在2010年的《国家地理》杂志，图文并茂呈现了特殊年代的记忆丰碑[4]。还有学者立足于“大跃进”时期甘肃省引洮工程的政治、生活和文化运作，提炼出“工地社会”这一理想化的概念。[5]上述近代以来的工

1 朱晓明，祝东海．建国初期苏联建筑规范的转移——以同济大学原电工馆双曲砖拱的建造为例[J]．建筑遗产，2017(1)：94-105.
2 李海清，于长江，钱坤，等．易建性：作为环境调控与建造模式之间的必要张力——一个关于中国霍夫曼窑之建筑学价值的案例研究[J]．建筑学报，2017(7)：8-13.
3 夏珩，夏振康，饶小军．“三材”约束下的低技建造：中国早期工业遗产拱壳砖建构研究[J]．建筑学报，2020(9)：104-110.
4 望南．渡槽——一个时代的集体记忆[J]．国家地理，2010(4)：9-16.
5 刘彦文．工地社会：引洮上山水利工程的革命、集体主义与现代化[M]．北京：社会科学文献出版社，2018.

业建筑研究或者基于地方性的资源调用，或者回溯了节约“三材”的基本国情，或者展现了中西交流和苏联技术援助等传播路径，涉及工程的目的均指向现代社会的塑造，同时表明现代化是不可逆转的历史进程。

文献梳理是从历史维度出发，围绕所研究的对象得出一般性的轮廓，以便研究者在抵达现场之前对各类背景有一定的了解，从而明确调查目标并提高田野调查的效率。同时，在研究类型较为特殊、相关文献较少的情况下，可以寻找与之有相似特征的对象进行比较，通过多个角度的对比，就能从相对性中获得绝对特征。从梳理可知，学者们在不同领域做出了拓荒性的工作，立足点和所采用的方法颇具启发性。然而特定时期的乡村渡槽营造仍是一块尚需开辟的新领域，在资料、视野和方法上尚有提升空间。

渡槽营造从蓄水提水到水流输送，从设计施工到日常维护，从民间用水分配到政府管理制度，各个要素缺一不可，涵盖了选址、修筑以及组织管理三个内容。社员是参与修建渡槽的主要劳动力；工程又离不开知识分子所开展的技术指导；大型农田水利设施建造项目属于顶层设计，其组织形式有赖于国家与基层社会的协同。那么，从乡村渡槽中可以分析出哪些中国近现代工程技术体系发展的独特路径？人民公社制度与乡村水利建设的关系，构成了渡槽演进的连续时空背景，探索这一问题对整体地看待中国社会主义建设早期的成就具有重要价值。

水利工程的奇迹带来了天翻地覆的变化，在特定的政治和经济形势下，建设结果也未必全部美好。渡槽最有价值的当然是水利功能，当它们不再发挥输水功能之时，乡村渡槽便被大量弃用。1983年人民公社完成了历史使命，几十年前的政治风云已经成为了一段证言，如何评价这段建造历史也将影响到对那一时期建筑遗存保护利用的预期。对历史问题的反思消除了时间和地理的区隔，把现实和未来又连在了一起，遗产保护就是那个纽带。日本和欧美国家会不断地进行“整理国库”的遗产挖掘行动，反观中国，曾经遍布广大乡村的渡槽并没有被很好地研读，对其有别于其他工业构筑物的乡村独特性鲜有挖掘，大量工作有待持续展开。

后人循光而进，是谓薪火相传（**图1_5**）。

图1_5 川西聚落中的水池沟渡槽

2

不尽江水滚滚来

多年前农民依赖土地，却长期吃不饱，饥饿和劳作是生活的常态。数百年来中国农村一直有给孩子起名“水根”的传统，深谙稼穑艰难的农人期盼的是风调雨顺。谁能带领众人治水，谁就能获取信任，这几乎是不言自明的道理。兴修水利设施具有保障工农业生产和国防建设，以及防灾、抗灾和减灾的多重意义，让人民摆脱贫困和死亡的威胁，但仅靠家族和村落的力量是不够的。

2.1

近代工程师的职志拓展

工业始终是取得国家独立、争取经济发展的基石，这是近代以来各方面达成的共识。中国工业建筑在特定历史阶段反映出国家干预的体系架构，其设计要求广泛的学科关联度，能推动科研发展，也反映出工程师群体不懈求索的精神。因此，挖掘近代工程师、建筑师参与水利工程建设实践的历史，不仅有助于考察技术专家从旧社会到中华人民共和国的身份转换，而且有利于打通我国工业建筑设计积累的时空界限。

1936年中国土木工程师学会诞生，标志着近代中国已经拥有了一支以土木专业为主的专家队伍，其中一些建筑师兼具工程师的身份，当年被认定为开业技师。他们能做出巴黎美院式的渲染图，也掌握工程上的结构计算公式，以庄俊（1888—1990）、童寯（1900—1983）等为代表的建筑大师其时都是建筑和结构双开业的技师。民国工程师的转型也为中华人民共和国提供了诸多人才储备，如中国水利学会1957年成立，它的前身是创建于1931年的中国水利工程学会，成员包括来自管理、科研和教育等领域的知识精英。

风雨如晦，鸡鸣不已。抗日战争期间，留学归国的青年专家以身许国，在土匪出没、卫生条件极差、自然灾害高发的地区从事着复杂

图2_1　抗日战争时期建设的重庆瀼渡河仙女峒电站引水渡槽

的设计建造工作。瀼渡电站渠系工程坐落在重庆万县仙女滩瀑布之畔，由留美归来的天之骄子张光斗先生（1912—2013）主持建造。当时资金和设备物资紧缺，1940年7—8月张光斗根据地形分别采用了隧洞、498m明渠、167m石拱渡槽来构筑引水道[1]，仅与水轮机相连的部分采用了钢管，建成后的仙女峒电站及其拦河坝保证了抗日战争中的兵工厂生产（**图2_1**）。根据张光斗的晚年回忆，引水渡槽的设计者是毕业于清华大学土木系的王庭钧（生卒年不详）。1947年，抗日战争胜利的喜悦洋溢在重建过程中，张光斗观察到地质水文、经济基础等资料对全面铺

1　张光斗．抗战八年来之水力发电事业[J]．资源委员会季刊，1946，6(12)：150-179.

开水利建设的重要性，在人才储备、工程选址和项目规模方面为抗日战争胜利后的重建计划建言献策。[1]

民国时期还涌现出一些大型灌区（表2-1），代表性工程当首推著名水利专家李仪祉（1882—1938）主持设计的陕西洛惠渠，这是在龙首渠基础上修建的“关中八惠”之一。1935年7月洛惠渠屈里渡槽的英文计算书公布，并在中文附录中对小到钉子、大到水泥的工料进行估价，体现了设计人基于欧美经验公式和中国施工条件的考量（图2_2）。[2] 1937年洛惠渠登上了《中国土木工程师学会会务月刊》创刊号[3]，振臂一呼，群山四应。洛惠渠将历代不同方式的引洛灌溉工程重新整合、续建扩灌，历时十余载建成，跨越了新旧政权，使“八山一水一分田”的洛南地区膏腴万顷。

表2-1　民国时期开发的大型灌溉工程
表格来源：根据各类水利志书整理

灌区名称	位置	修建时间	设计流量（m^3/s）	灌溉面积（万亩）		水工建筑物
				设计	有效	
泾惠渠	陕西省三原县	1930—1934	16	不详	57	渡槽3座
渭惠渠	陕西省眉县	1937	30	60.0	57.6	木渡槽5座（包括漆水河渡槽）
洛惠渠	陕西省澄城县	1933—1950	不详	不详	75	渡槽27座（包括夺村、堤浒、屈里渡槽）
查哈阳灌区	黑龙江省甘南县	1947	57	50.0	35.0	渡槽4座

1　张光斗. 我国水力发电事业问题之商榷[J]. 水力通讯, 1947年创刊号: 2-3.
2　全国经济委员会泾洛工程局. 洛惠渠屈里渡槽计划[Z]. 1935.
3　洛惠渠利济渡槽工程（照片）[J]. 中国土工工程师学会会务月刊, 1937年创刊号.

图2_2　洛惠渠屈里渡槽说明书

全國經濟委員會
涇洛工程局
洛惠渠
屈里渡槽計劃
民國二十四年七月

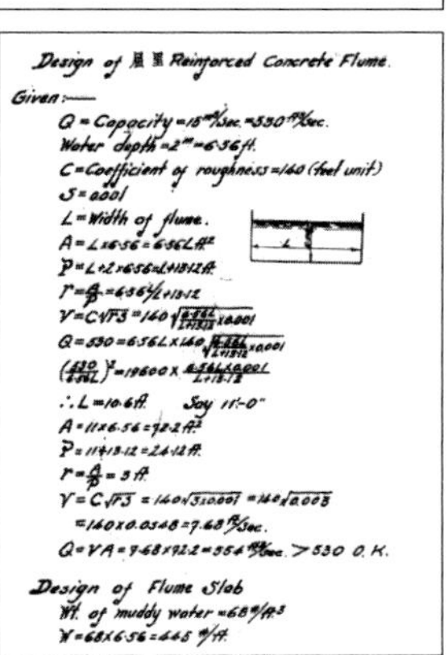
Design of 屈里 Reinforced Concrete Flume.

Given:—
Q = Capacity = 15 m³/sec. = 530 ft³/sec.
Water depth = 2 m = 6.56 ft.
C = Coefficient of roughness = 160 (feet unit)
S = 0.001
L = Width of flume.
A = L×6.56 = 6.56L ft²
P = L+2×6.56 = L+13.12 ft.
r = A/P = 6.56L/L+13.12
V = C√rS = 160 √(6.56L/(L+13.12) × 0.001)
Q = 530 = 6.56L × 160 √(6.56L/(L+13.12) × 0.001)
(530/6.56L)² = 19600 × 6.56L×0.001/(L+13.12)
∴ L = 10.6 ft.　Say 11'-0"
A = 11×6.56 = 72.2 ft²
P = 11+13.12 = 24.12 ft.
r = A/P = 3 ft.
V = C√rS = 160√(3×0.001) = 160√0.003
= 160×0.0548 = 7.68 ft/sec.
Q = VA = 7.68×72.2 = 554 ft³/sec. > 530 O.K.

Design of Flume Slab
Wt. of muddy water = 68 #/ft³
W = 68×6.56 = 445 #/ft.

近代实业家张謇（1853—1926）是中国水利事业发展中绕不过去的一位先贤。在家乡南通多年的实业建设中，他深刻体会到水利的重要性，不仅一生中参与“治淮”四十年之久，而且与中国水利教育结下了不解之缘，曾提出“治国富民的事，河工水利为第一件”[1]。在1922年破产之前，张謇身为状元企业家的职业生涯相当出色：民国初年（1912年）担任导淮和运河整治工程的全国水利局总裁兼导淮总裁，也是中美工程师协会的荣誉会员[2]，并于1915年在南京创立了中国历史上第一所水利专业高等学府——河海工程专门学校，该校是华东水利学院（现河海大学）的前身之一，河海大学与清华大学至今仍代表着中国高等水利教育的顶尖水准。新学校好像使世界从冰冻中渐渐融开，立即吸收了来自诸多学者的能量，留德学习土木工程的李仪祉是首任教务长，这位天不假年的工程师和教育家对中国的水利学科创建产生了深远的影响；和这些高等学府联系在一起的非凡人物还有郑肇经（1894—1989）、刘光文（1910—1998）、严恺（1912—2006）等，这一批名师继往开来，为解决中国水利问题做出了矢志不渝的努力。从20世纪20年代开始，国内土木工程和水利工程事业揭开了新篇章，学生不必出国就能接受中西结合的专业教育，使中国工程师的数量较大幅度地增加。

1　张孝若. 张謇传[M]. 长沙：岳麓书社，2021.

2　Pierre-Etienne Will. The Emergence of the Modern Civil Engineer in China, 1900–1940[M]. Edited by Barbara Mittler and Natascha Gentz. China and the World—the World and China (Vol. 3: Transcultural Perspectives on Modern China). OSTASIEN Verlag, 2019.

2.2

中华人民共和国
乡村水利的30年

1949年金秋十月刚过，北京召开了全国水利工作会议，提出防止水患、兴修水利以发展生产的目标。1952年12月，政务院颁布《发动群众继续开展防旱、抗旱运动并大力推行水土保持工作的指示》，该文件指出："水土保持是群众性、长期性和综合性的工作，发动群众组织起来长期进行，才能取得预期的功效。"它标志着中华人民共和国的水利政策发生了重大转变，也为群众性的大规模农业建设奠定了动员基础。这一时期修复、扩建了许多旧有工程，如山东的绣惠渠、四川的都江堰等。参加修复工作的主要是民工和解放军，村民动员尚没有形成合力。

1953年的春天似乎来得更早一些。农业集体化的高歌猛进解决了国家与分散小农合作的难题，中国开始推行农业合作化，土地、耕畜等生产资料从私有转变为公有。合作化运动有力地促进了农田水利建设的发展，各地掀起农田水利建设的高潮，基于"民办公助，社办为主"的原则，确定了"小型为主，中型为辅，在必要和可能的条件下兴修大型工程"的方针。[1] 不尽江水滚滚来，各地广泛开展了蓄水运动，兴修了许多中小型水利工程，木渡槽、石拱渡槽占据了主导地位。

1 王瑞芳. 当代中国水利史: 1949—2011[M]. 北京: 中国社会科学出版社, 2014: 10.

跃进的第一步

（1958—1960年）

1958年人民公社制度正式确立，为统一调动劳动力修建大型灌溉和水源工程提供了保障。华揽洪曾精辟地论述：“有人说兴建水利是人民公社的起点，这是有一定道理的……这种新的组织形式，从某种意义上说是农业合作社的大规模的联盟，有助于发挥基层群众的创造积极性，监督国家大政方针的实施，减轻国家行政机器的负担。”[1] 人民公社制度是上通下达的渠道，公社作为集体组织形式有一定的经济自主权，集体、国家共同努力来落实大政方针及相应目标。在“大跃进”期间，人们相信社会转型能够释放出巨大的生产力，1959年一部取材于甘肃农村的电影《黄河飞渡》拍竣，讲述了从黄河南岸挖一条水渠，利用地形架设渡槽，将黄河之水引到北岸浇灌良田的故事。这部人定胜天的“大跃进”题材电影具有科幻色彩，在严重缺乏大型机械设施的条件下创造水利工程极其引人注目，它是传统农耕社会对工业文明的大胆畅想，凝练了火热的劳动场景。

图2_3　1958年《灌溉渠系水工建筑物定型设计——石拱渡槽》

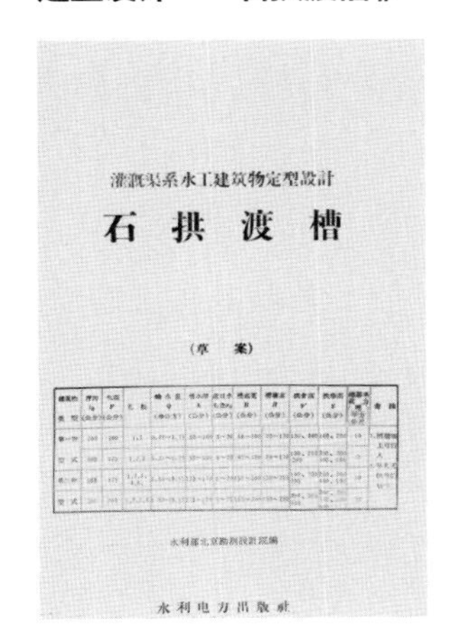

在这一时期，石拱渡槽是主要的建设类型。原水利部北京勘测设计院出版了《灌溉渠系水工建筑物定型设计——石拱渡槽》，提供了净跨度3m、7m两种定型渡槽，鉴于村民在施工中经常“毛估估”，方案对施工中的水泥砂浆等用料标号给予了详细规定，严谨的定型设计诞生在“大跃进”和人民公社成立的双重节点上（**图2_3**）。石拱渡槽代表了中华人

1　华揽洪. 重建中国：城市规划三十年1949—1979：33.

民共和国历史上第一次渡槽建设高峰，结构设计保守、形制较为传统笨重，适应当地工匠的一般性建造水平（表2-2）。此外，水泥预制构件厂成立，装配式小型渡槽可成批地进行预制生产，尽管设计标准较低、施工质量较差，但1958—1960年石拱渡槽的设计建造技术研发已经取得了一定的工业化成效。

太行山的奇迹工程与
南方的“四两拨千斤”（1961—1965年）

截至1961年，我国已遭受连续三年的自然灾害，人均粮食供应标准降低到了极低的水平。各地开始对“大跃进”时期修建的大、中型水库进行整顿，逐步提供配套工程以提高灌溉效益。这一时期声誉最为卓著的新建水利工程是河南省林县（今河南省安阳市林州市）的红旗渠，当时地方上长期严重缺水，农作物产量低，路修不进村，村民也没有条件改善个人卫生状况。在1955年林县水利建设调查中发现任村乡桑耳庄

表2-2　1958—1960年修建的被列为文物保护单位的部分渡槽
表格来源：根据各类水利志书和地方志整理

渡槽名称	修建时间	位置	列级状况	使用状况
金瑞渡槽	1959	江西省宜春市金瑞镇	市级文物保护单位	废弃
登东渡槽	1959	重庆市关山门水库灌区	区级文物保护单位	废弃
万隆胖垭渡槽	1959	重庆市老木沟水库	区级文物保护单位	废弃
南沱红星/连丰/五丰渡槽	1956—1972	重庆市南沱镇	市级文物保护单位	局部使用中
北干渠长坡渡槽	1958	广东省高州市长坡镇	市级文物保护单位	废弃

和河顺乡马家山两村劈山修渠，解决了人畜用水问题[1]，此事成为了一个契机，终于促成1960年破土动工、1969年竣工的奇迹工程红旗渠。劈开太行千重嶂，总干渠如一条银色绸带飘荡在巍巍太行之间，渠道全长1500km，比广州到北京的直线距离略短，气势犹如火星撞击地球。

地处崎岖山区的红旗渠架设渡槽达151处，出版于1976年的《红旗渠工程技术》专辟“渡槽设计”一节，通过方案比较分析了渡槽跨过河道、渡槽架设在山洼这两类工程的特点。[2] 在最初的设计中，渡槽石拱均为半圆形,后根据重力和自身摩擦力的计算，技术人员将一些渡槽调整为120° 圆拱，加大了跨距，节省了材料，但对于跨度在3 ~ 5m之间的起拱，为方便普通石匠操作依然采用半圆拱（**图2_4**），这说明技术研发的出发点始终是调动普通社员集体参与。红旗渠是能工巧匠与技术人员合作创造的水利工程，多座渡槽以其壮丽的景观阐释出绵延不绝的红旗渠精神（表2-3）。红旗渠是第二次渡槽建设小高峰中的标杆工程（**图2_5**），自力更生的红旗渠精神也鼓舞了此后的昔阳县大寨人民公社，使后者树立起飘扬在神州的又一面大旗。

相比之下，南方渡槽的建造技术有很大不同。通常用于造船的钢丝网水泥材料，在技术上四两拨千斤，因其轻、巧、薄的特点后被广泛运用于U形渡槽。槽身由矩形厚壁断面逐渐发展出曲线形的薄壳，大大节省了材料，也减轻了自重，便于起重安装。1964年广东省茂名市电白区的铜鼓岭修建渡槽137座，其中有112座的槽身为U形薄壳结构，总长36.8km，占全区渡槽总长的85.58%。[3] U形薄壳结构渡槽是使用量最大、风行时间最长的渡槽类型，其构件可以通过因地制宜的标准化生产获得，符合工业化的总体方向（**图2_6**）。

1 梁斌. 红旗渠[M]. 北京：中国青年出版社，2000: 37.
2 河南省林县革命委员会. 红旗渠工程技术[M]. 郑州：河南人民出版社，1976: 63.
3 广东省电白县地方志编纂委员会. 电白县志[M]. 北京：中华书局，2000.

↓图2_4　河南省安阳市桃源桥渡槽

→图2_5　河南省林州市任村镇是红旗渠的发源地

图2_6 浙江省湖州市安吉县高庄村赋石水库的U形渡槽

表2-3　红旗渠渠系的部分渡槽
表格来源：根据河南省林县革命委员会《红旗渠工程技术》整理

渡槽名称	修建时间	基本信息
南谷洞渡槽	1961	长130m，宽11.42m，高11.4m，流量23m³/s，石砌拱结构
桃园渡槽	1966	长100m，宽6m，高24m，7孔，每跨8m，石砌圆弧拱；纵坡1/1700，流量6.8m³/s
夺丰渡槽	1966	长413m，宽4m，最高14m，单孔跨5m，共50孔。分上下两段，上段17孔，长172m；下段33孔，长241m，流量2.7m³/s
曙光渡槽	1969	长550m，高16m，共29孔，中间三孔跨径10m，其他跨径8.5m，过水流量1m³/s

表2-4　“文化大革命”时期修建的代表性石拱渡槽
表格来源：根据各类水利志书和地方志整理

渡槽名称	位置	修建时间	基本信息
向东渠渡槽	福建省云霄县	1973	高架石拱渡槽，长2200m，拱下最大净高20m，流量8~14 m³/s
红星渡槽	重庆市涪陵区	1968—1972	长逾9000m，高架槽基础宽3.5m，单拱最大跨度49m，最高处28m；2011年入选全国第三次文物普查百大新发现
红旗渡槽	河南省宝丰县	1970—1972	全长2800m，石拱结构，共有大小拱跨159孔
群力渡槽	河南省林州市跃进渠南干渠	1973—1975	空心石拱渡槽，长114m，最大高度14.5m，共13孔，过水断面宽2.7m，高2.2m，纵坡1/1000，设计流量10m³/s
冶河渡槽	河北省平山县引岗渠	1973	长1170m，宽6.5m，距地最大高度26.3m，48个大孔，孔净跨20m，流量13m³/s
太行渡槽	河北省沙河市东石岭水库	1973—1976	长220m，高53m，浆砌石拱，跨径101m，小拱17孔，净跨6m。渠高2.3m，深2m，纵坡1/1000，两端建有6m高的桥头堡
胜利渡槽	四川省泸县三溪口水利工程	1974—1975	长275m，宽3.5m，最高33m，一层14跨，二层过水，共63跨，有宽1.2m、高2.3m的券门人行通道
六利胜利渡槽	广西壮族自治区南宁市马山县	1975	长720m，槽内宽1.6m；有21个大石拱，每两个大拱之间有3个小拱，大拱拱高近15m，跨度28m

再次掀起东风

（1966—1976年以后）

1971年左右，大搞农田基本建设成为了“农业学大寨”的一项重要内容，全国再次掀起了农田水利建设的高潮（表2-4），尤其以大跨度石拱渡槽为突破点。其中福建省云霄县向东渠建有平均净跨28m的高架石拱渡槽群，首创的拱式木拱架施工法也在此后得到了推广。它一改满堂支架法模板耗材较多的不利状况，所发明的双铰夹合式木拱架（**图2_7**）和三铰桁式木拱架自重轻、运输起落方便、不受洪水影响，在1978年3月荣获了全国科学大会奖状。[1] 20世纪70年代是中国乡村渡槽技术特征最鲜明、地域特色最强烈、建造数量最多的一个时期（**图2_8**），少量大型渡槽到“文化大革命”结束后才竣工。

图2_7　福建省云霄县风吹岭渡槽的双铰夹合式木拱架和施工吊装

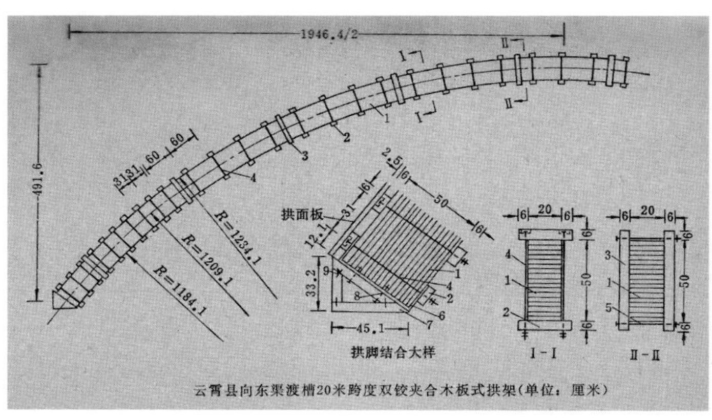

1　福建省水利科学研究所. 石拱渡槽的拱式木拱架[M]. 北京：水利电力出版社，1979.

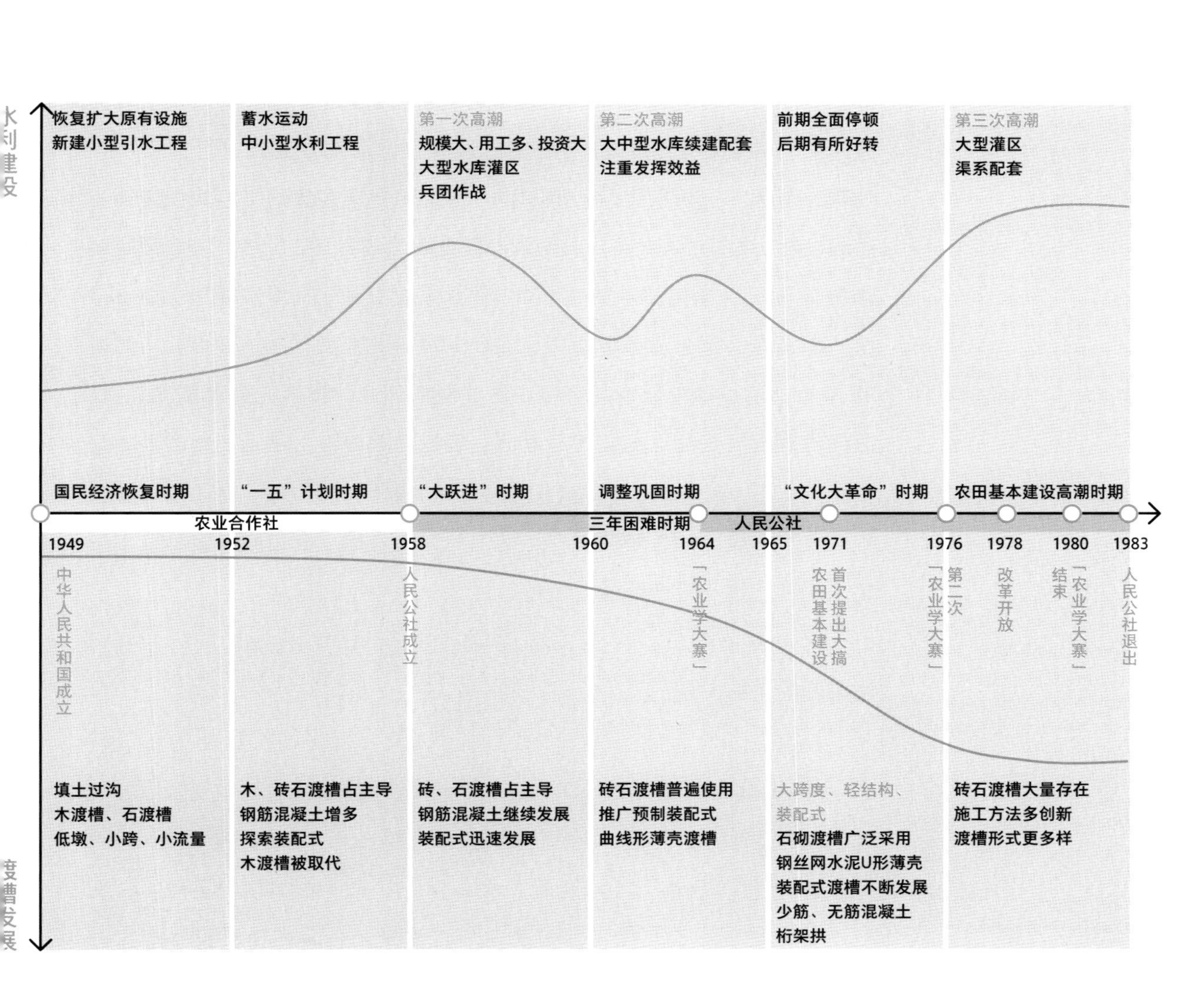

图2_8　人民公社时期
乡村渡槽修建的三次高潮

抛物线式降落

(1983年以后)

随着人民公社的退出，历史的抛物线又将渡槽抛入了大起大落的轨迹之中，不仅营造活动基本停止，好不容易修好的乡村渡槽也遭到废弃。到20世纪80年代中期，农业产值只占国民经济生产总值的不足30%，工业产值则超过50%[1]，经济结构的转变是乡村渡槽结束使命的原因之一（表2-5）。1983年农村经济体制改革的序幕揭开，原先以集体化为基础的大量生产设施得不到合理使用，很多渡槽、拦水坝失去了实际功能。截至1992年，对全国195处大型灌区的10 213 座渡槽的调查统计显示，老化严重的达2882座，失效的为973座，报废的达683座，需大修、部分或整体重建、改建的渡槽占总数的45%左右。[2]时隔30余年，若不谨慎核查与整修，这些渡槽如今的情况无疑会更加危重。渡槽遭到废弃更深层的原因是此前主要以向水要粮、逼湖上山的方式征服自然，对水资源缺乏合理有序的利用，而江、河、湖、海、湿地是统筹农业水利设施的环境基础，运动式的大兴农田水利设施一定程度上激化了水利建设与资源环境的矛盾。

用时间攒下的“图”

受到国家级工程项目的驱动，半个多世纪前中国在某些工程领域科技发展并不缓慢。华揽洪在评价第一个五年计划（1953—1957）时曾慨然道：“国家基本上可以说是一穷二白，不光是在工业和交通上，在地质、气候学统计、地图绘制等各个科学研究领域的资料搜集都是如

1 贺雪峰. 土地承包为什么会有效率？一种可能的解释[J]. 农村经济与科技，2003(7): 4-6.
2 雷生隆，徐云修，姜开鹏，等. 全国大型灌区工程老化状况与对策[J]. 中国农村水利水电，1997(7): 17-23.

表2-5　农田水利发展的主要历史阶段（1958—1979年）
表格来源：根据郭涛《中国水利科学技术史概论》（1989）重新梳理

时期	社会背景	指导方针	水利建设形式	渡槽
“大跃进”时期 1958—1960年	人民公社成立	以蓄为主、小型为主、社办为主，辅以中型，必要时可能兴建大型工程	打井、挖塘、筑堤、开渠、筑圩、修水库及沟洫畦田；河网化；水利资源综合利用，开发地下水	木、石渡槽为主导，钢筋混凝土渡槽少但存在，装配式渡槽开始研发
调整巩固时期 1961—1965年	三年困难时期、“农业学大寨”运动开始	重点转向水利配套工程建设及发挥水利工程效益。小型为主、配套为主、社办为主	水利工作高潮退去，逐渐整顿。兴修水库、平整土地、治河修渠、坡地改梯田、治理盐碱地、打井抗旱、兴建水电站	木渡槽减少，石拱渡槽普遍存在，截面多矩形、箱形；预制装配式渡槽得到推广，开始探索薄壳渡槽
“文化大革命”时期 1966—1976年	“文化大革命”、正式提出大搞农田基本建设	治水与改土、治碱相结合。积极打井，利用地下水源	已建造的水库、灌区进行续建配套；打井、修梯田、深翻平整、改良土壤	大跨度、大流量、轻结构、预制装配式渡槽普及；石拱渡槽广泛分布，探索了多种复杂地形中的施工方法；U形薄壳结构迅速推广
农田基本建设高潮 1977—1979年	大搞农田基本建设	治水、改土为中心的农田基本建设；现有工程的续建、配套和水库除险加固；注意效益，加强管理	兴修大批大中小型水利灌溉工程；灌区配套设施及水电站建设	结构形式更多样，如肋拱、双曲拱、桁架拱；施工方式多创新，如滑升模板法、桁架拱转体施工。旧有渡槽因集体化的退出而逐渐进入荒废阶段

此，这些空白只能随着国家的现代化逐渐填补。”[1] 事实上，从近代以来，以李仪祉、张光斗为代表的先辈付出了艰苦卓绝的努力，技术人员通过日复一日的地质勘查、监测记录来搜集各类资料，他们仔细绘制地形图（**图2_9**），观测统计水文数据，精心核算成本和效益。中华人民共和国自力更生，取得了卓越成就，在观念和行动上构建了技术自主的框架，填补了基础设施建设中大量一手数据的空白。

1　华揽洪. 重建中国：城市规划三十年1949—1979: 45.

英国学者柯律格（Craig Clunas）曾分析“图”的作用，他指出图可以是动词，意为期望、计划和设计，作为名词含义更广泛，除了图画（picture）外,还可以是图表（chart）、地图（map）[1]。农田水利设施伴随着大丰收的景象，通过各类招贴画、纪录片和宣传照片对外传播，相关的测绘图、蓝图、地图却往往被忽略，它们用图形语言对各类空间形态进行了历时性的表达。山水之间，添此一景，渡槽背后是大量的技术数据和地形勘察等积累，相关测绘图表和地图出现在文献中，承担着经济和社会领域的历史图像角色，饱含着祈盼国泰民安的信念。

图2_9　抗日战争时期
重庆仙女峒水力发电工程

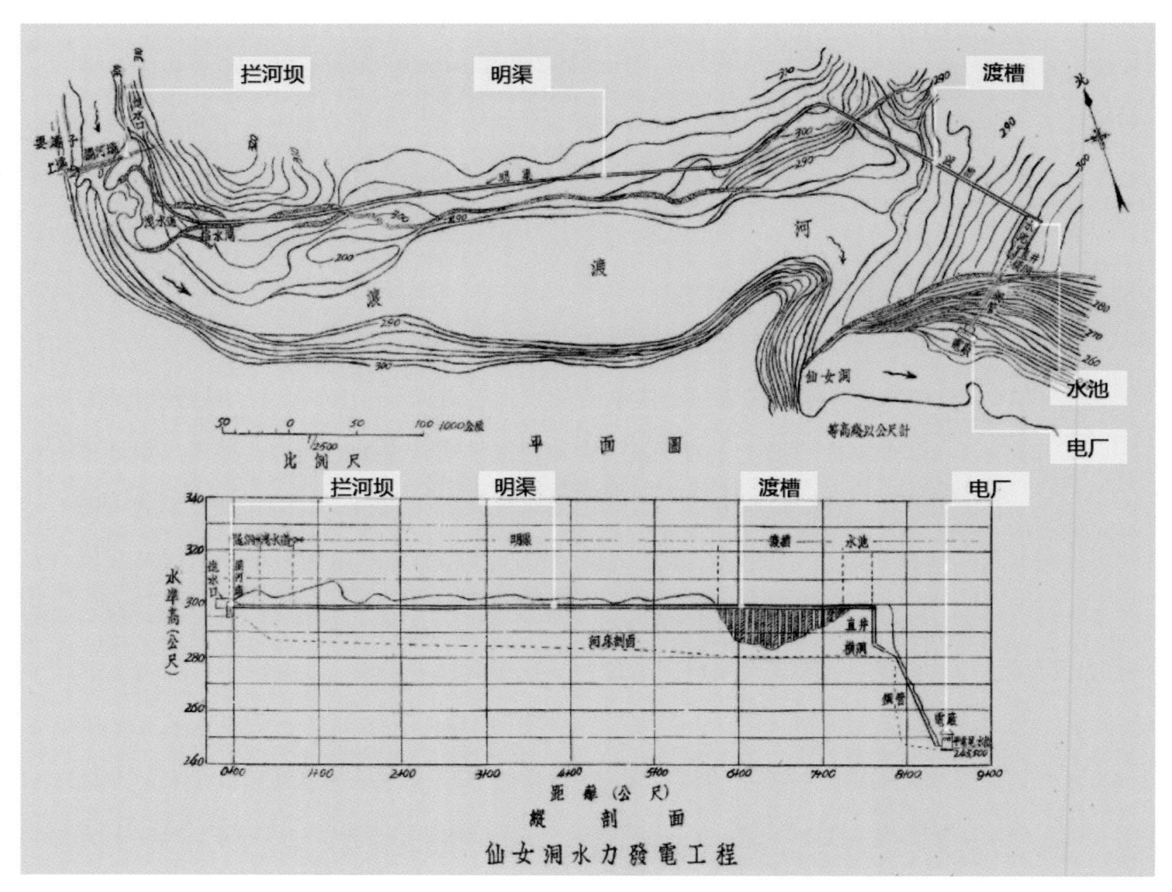

1　柯律格. 明代的图像和视觉性[M]. 黄晓鹏，译. 北京：北京大学出版社，2011.

2.3

从"大兴水利保丰收"到"要致富，先修路"

兴修农田水利设施的热浪过后，中国农村发生了什么呢?

基础设施是支撑城乡运作的物质与社会系统，主要以国家或地方工程的形式提供了公共物品，并因为其修建而构筑了自然、人力资源、资金和技术流动的大动脉。水利、交通、地下各类管网不仅改变了地表，而且深度介入了日常生活。

1984年，一位公仆徐启斌率先以朴素的语言喊出了摆脱贫困的经验——要想富，先修路。[1]徐启斌曾经主管农村水电站发展，时任四川省眉县县长，是四川省第一个改造公路的"路县长"，广受群众爱戴。通过修路可以全方位地感受到一个正在觉醒的社会所集聚的巨大能量，从"割资本主义的尾巴"到鼓励发展家庭副业，这是改革开放初期经济体制转型的一面镜子。闭塞的村庄由于修通了道路，水泥、黄沙、预制板等建筑材料可以进村了，在极短的时间内农民翻建宅院的愿望井喷，传统山乡的面貌巨变。包产到户之后，事物按照相同的逻辑继续发展，这时候"户"成为了村庄的中心，集体产权的概念弱化了，各户围绕自家的住宅进行生产和生活。改革开放后，通向外界的道路已经打开，社

1　高代坤. 徐启斌的故事[J]. 人民文学, 1995(1): 44-45.

会活力被重新激发，不久就迎来了改变百万村民命运的外出“打工潮”，很多农民不再依赖农业作为生计主要来源。

现存乡村渡槽的分布与国道的密度具有很强的相关性（**图2-10**）。或许在“打工潮”形成之前，水利设施在功能上尚保持着延续，但道路和渡槽的相对地位已经开始发生转换，渡槽在精神上已经不是焦点。从农村的生活场景出发，基层社会从“大兴水利保丰收”到“要致富，先修路”，行动的转变映射出一个时代的新风貌。

图2_10　现存的人民公社时期10 600座渡槽分布图

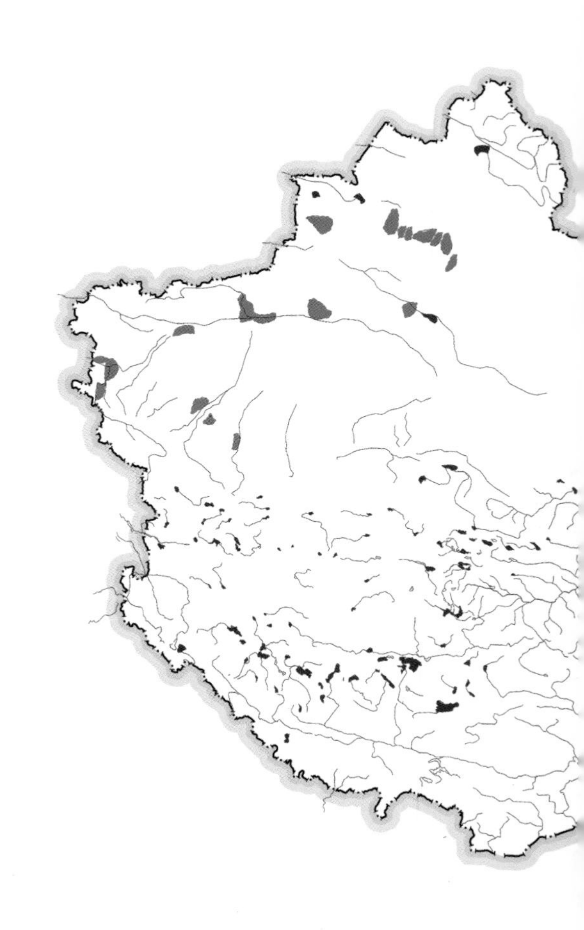

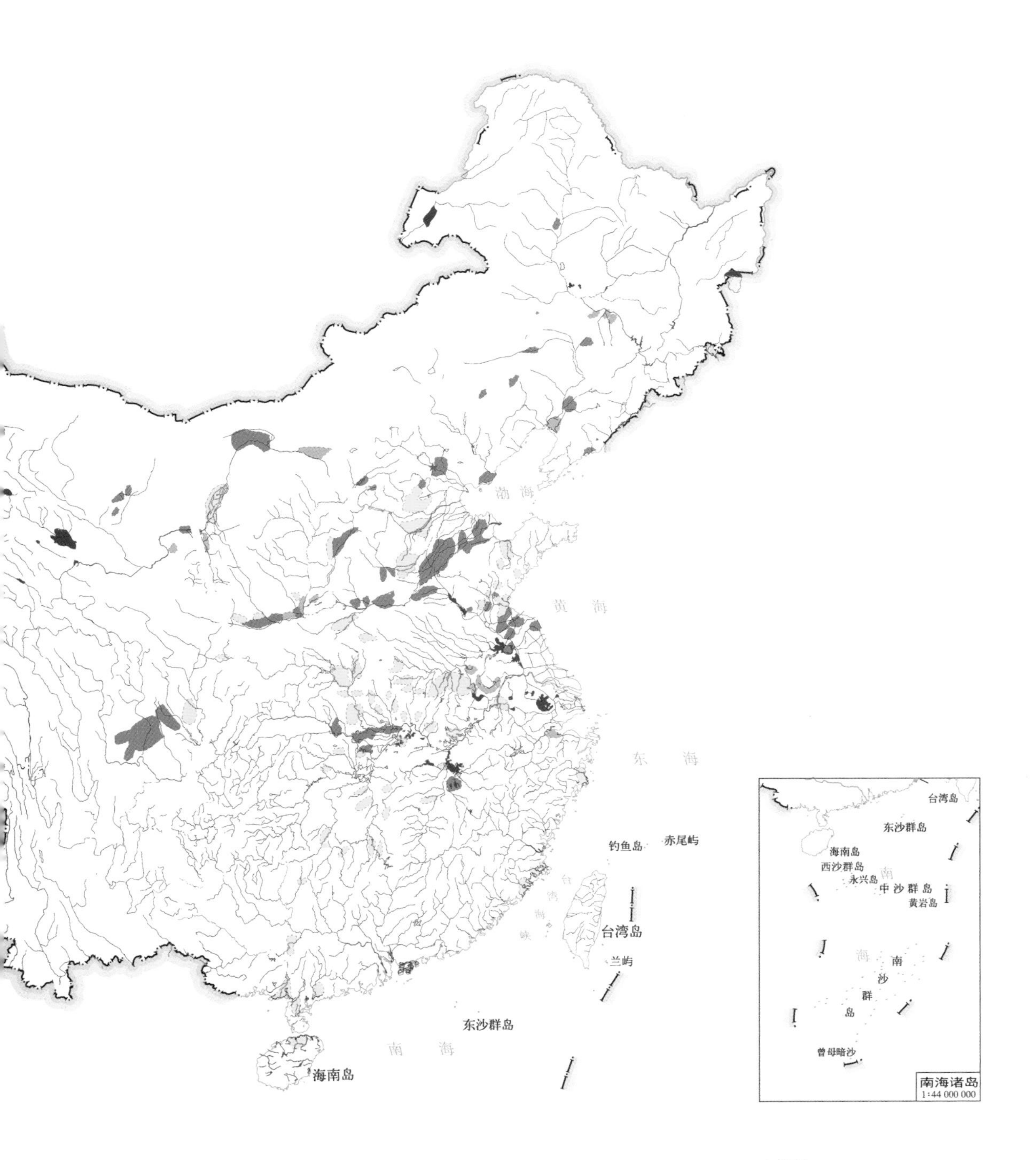

★ 首都
提水灌区
水库引水灌区
自流引水灌区
河流
湖泊

图3_1 重要灌区分布图

3

灌区与风貌

3.1

灌区

我国人均耕地少、降水分布极不均匀，发展农田水利以解决粮食问题一直是中华人民共和国农业的重中之重，灌溉的发展则是高产和稳产的基本保证（**图3_1**）。

表3-1　灌区分类和现状
表格来源：根据王济昌《现代科学技术知识词典普及版》（2011）整理

分类	控制面积	现状数量（截至2005年）
大型灌区	20 000hm^2（30万亩）以上	434处
中型灌区	667～20 000hm^2（1～30万亩）	5200多处
小型灌区	667hm^2（1万亩）以下	1000多万处

灌区（irrigation district）指由可靠水源和引、输、配水渠构成的系统，通常是一个由水库、渠道、田地组成的农田灌溉综合体，按规模分为大、中、小三类（表3-1）。[1] 灌区不仅灌溉良田，而且具有发电、防洪涝、开发丘陵山地的功能，它对山河地貌的影响是更为深远的（表3-2）。全国各灌区种植的作物无论在数量还是种类上均有明显差异，这主要取决于各地气候、地形、耕作制度，以及农业发展的经验。灌区中的水库、堤坝和渡槽是对自然地貌的利用或干预，假如再叠加时间因素，其类型就变得更为丰富，如陕西省龙首渠引洛古灌区目前已发展成灌排体系完整的现代大型灌区，辉煌的现代水利工程和古老的灌区人文景观叠合出地域特征分明的灌溉遗产。

1949年中华人民共和国成立后很快取得了水利工程的突破，其中1956—1958年完成的山东打渔张引黄灌溉工程（图3_2）不仅竣工时间早，而且工程难度大，积累了宝贵的科学经验，其规划成效为后续以人民公社为主体的灌区维护奠定了良好的基础。打渔张引黄灌溉工程应对的是黄河沿岸地下水位抬升和土壤严重盐渍化问题，越是干旱缺水，这一问题

1　王济昌. 现代科学技术知识词典：普及版[M]. 北京：中国科学技术出版社，2011：2.

表3-2　我国不同地貌区的水利灌溉形式与功能
表格来源：根据丁泽民《新中国农田水利史略 1949—1998》（1999）整理

地貌	地区	形式与功能
盆地	塔里木盆地	坎儿井，引取地下水
	四川盆地	地表径流引水灌溉
	柴达木盆地	蓄、井、引结合，灌、排、治碱并重
平原	东北平原	水网圩田，防洪排涝
	华北平原和黄淮流域	内陆河灌溉、引黄灌溉、陂塘、圩田、井灌、淤灌、排涝
	长江中下游平原	塘坝蓄水、防洪工程、水网圩垸工程
丘陵	辽东丘陵	水库、塘坝，引水自流灌溉
	山东丘陵	水库、塘坝，打井、引黄灌溉
	东南丘陵	海塘（抵御海潮内侵），御咸蓄淡
高原	黄土高原	引水灌溉、高扬程提灌、开发地下水
	青藏高原	修水库、电力提灌站、引水渠、梯田
	内蒙古高原	自流引水和井灌、扬水灌溉、水库蓄水灌溉、井渠结合灌溉、喷灌、滴灌
	云贵高原	梯田、塘堰、开沟渠

就暴露得越严重。整个工程包括灌溉和排水两个系统，灌溉系统满足了农田浇灌、冲洗盐碱地以及乡社用水的需求，排水系统的核心功能是排走黄河岸边耕地中含有盐分的河水以改良盐碱地。排灌系统的布置是渠系布置的主体内容，不仅要解决黄河的沉沙淤积症结（**图3_3**），使淤泥不堵塞灌溉渠道，而且还要通过治理盐碱地扩大耕种面积，其他水工构筑物（包括木渡槽）都围绕着解决渠系问题布置。经过三年的努力，农业在盐碱地整治初见成效后迎来了久违的丰收，棉花一年一茬，小麦、大豆两年三熟，枣树、桃树和苹果树年年硕果盈枝，农民一年四季是不得闲的。

尽管岁月流逝，但农民千百年来养成的珍惜土地、尊重农时的习惯并没有发生根本变化，社会主义制度下发生改变的是生产的组织方式——集体化推动了有组织的水利建设，使生产效率一度极大提高。灌区在管理上展现出制度优势，灌区委员会、支渠委员会、斗渠小组、农长、浇地队、护渠队集结了群众力量[1]，有利于形成水利系统及资源管理的运行机制。正如常青先生所概括的："（风土建筑）嵌入环境地貌的构成方式，反映着自然条件和文化风习的双重作用，地理、地貌中因循了各自的相似构成规则。"[2]

行政体制在民间落地，所采取的措施需要与天时地利、公平均好等传统农耕习俗相互沟通，使制度成为文化的载体，只有自然条件和文化风习相互作用，才能维护农民对土地的依恋。打渔张引黄灌溉工程尽管在草创期借鉴了苏联的水利设计经验，但技术人员独立进行了摸索，与公社社员开展了广泛的协作，其规划实践不断总结吸纳着传统农业知识的经验。实际上从灌区的长期维护来看，我国规划建设中的公众参与要早于20世纪80年代在国际上产生广泛影响力的"沟通式规划"（communicative planning），参与深度和成效也不逊于后者。

1　山东打渔张引黄灌溉管理局. 山东打渔张引黄灌溉工程资料汇编（1—4册）：486.
2　常青. 我国风土建筑的谱系构成及传承前景概观——基于体系化的标本保存与整体再生目标[J]. 建筑学报, 2016(10): 1-9.

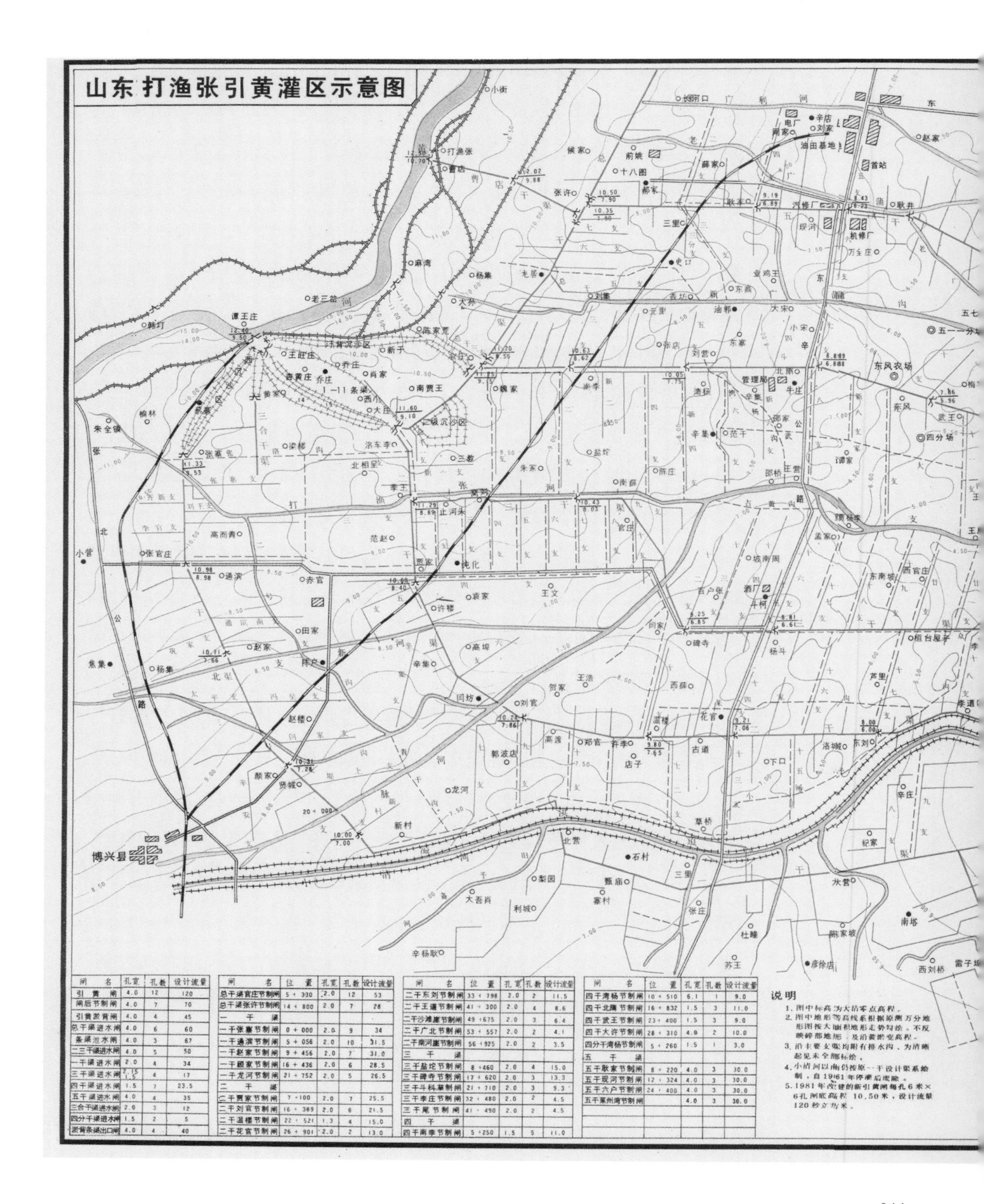

闸　　名	孔宽	孔数	设计流量
引黄闸	4.0	12	120
闸后节制闸	4.0	7	70
引黄淤背闸	4.0	4	45
总干渠进水闸	4.0	6	60
条渠泄水闸	4.0	3	67
二三干渠进水闸	4.0	5	50
一干渠进水闸	2.0	4	34
三干渠进水闸	2.15 1.5	4	17
四干渠进水闸	1.5	7	23.5
五干渠进水闸	4.0	4	35
三合干渠进水闸	2.0	3	12
四分干渠进水闸	1.5	2	5
淤背条渠出口闸	4.0	4	40

闸　　名	位　置	孔宽	孔数	设计流量
总干渠宫庄节制闸	5 + 330	2.0	12	53
总干渠张许节制闸	14 + 800	2.0	7	28
一　干　渠				
一干张寨节制闸	0 + 000	2.0	9	34
一干通滨节制闸	5 + 056	2.0	10	31.5
一干赵家节制闸	9 + 456	2.0	7	31.0
一干顾家节制闸	16 + 436	2.0	6	28.5
一干龙河节制闸	21 + 752	2.0	5	26.5
二　干　渠				
二干贾家节制闸	7 + 100	2.0	7	25.5
二干刘官节制闸	16 + 389	2.0	6	21.5
二干温楼节制闸	22 + 521	1.3	4	15.0
二干花官节制闸	26 + 901	2.0	2	13.0

闸　　名	位　置	孔宽	孔数	设计流量
二干东刘节制闸	33 + 798	2.0	2	11.5
二干王道节制闸	41 + 300	2.0	4	8.6
二干沙滩崖节制闸	49 + 675	2.0	3	6.4
二干广北节制闸	53 + 557	2.0	2	4.1
二干南河崖节制闸	56 + 925	2.0	2	3.5
三　干　渠				
三干盐坨节制闸	8 + 460	2.0	4	15.0
三干碑寺节制闸	17 + 620	2.0	3	13.3
三干斗科幕制闸	21 + 710	2.0	3	9.3
三干李庄节制闸	32 + 480	2.0	2	4.5
三干尾节制闸	41 + 490	2.0	2	4.5
四　干　渠				
四干南李节制闸	5 + 250	1.5	5	11.0

闸　　名	位　置	孔宽	孔数	设计流量
四干湾杨节制闸	10 + 510	6.1	1	9.0
四干北隋节制闸	16 + 832	1.5	3	11.0
四干武王节制闸	23 + 400	1.5	3	9.0
四干大许节制闸	28 + 310	4.0	2	10.0
四分干湾杨节制闸	5 + 260	1.5	1	3.0
五　干　渠				
五干耿家节制闸	8 + 220	4.0	3	30.0
五干坝河节制闸	12 + 324	4.0	3	30.0
五干六户节制闸	24 + 400	4.0	3	30.0
五干莱州湾节制闸		4.0	3	30.0

说明

1. 图中标高为大沽零点高程。
2. 图中地形等高线系根据原测万分地形图按大面积地形走势勾绘。不反映碎部地形，及沿黄淤变高程。
3. 沿主要支渠均附有排水沟，为清晰起见未全部标绘。
4. 小清河以南仍按原一干设计渠系绘制，自1961年停灌后废除。
5. 1981年改建的新引黄闸每孔6米×6孔闸底高程 10.50米，设计流量120秒立方米。

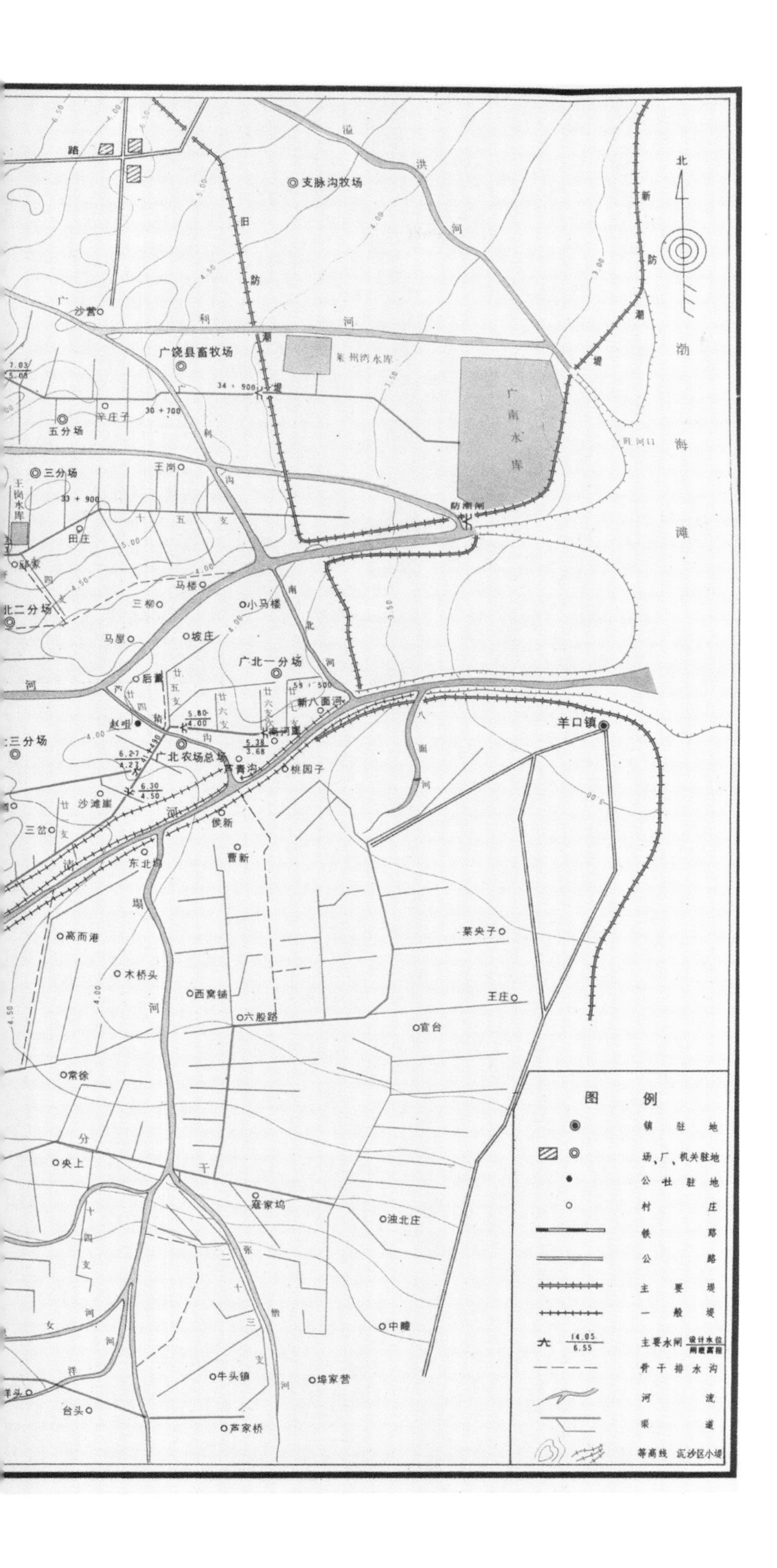

图3_2　1981年山东打渔张引黄灌区示意图

↑图3_3 打渔张引黄灌区沉沙池

↓图3_4 提水体系图

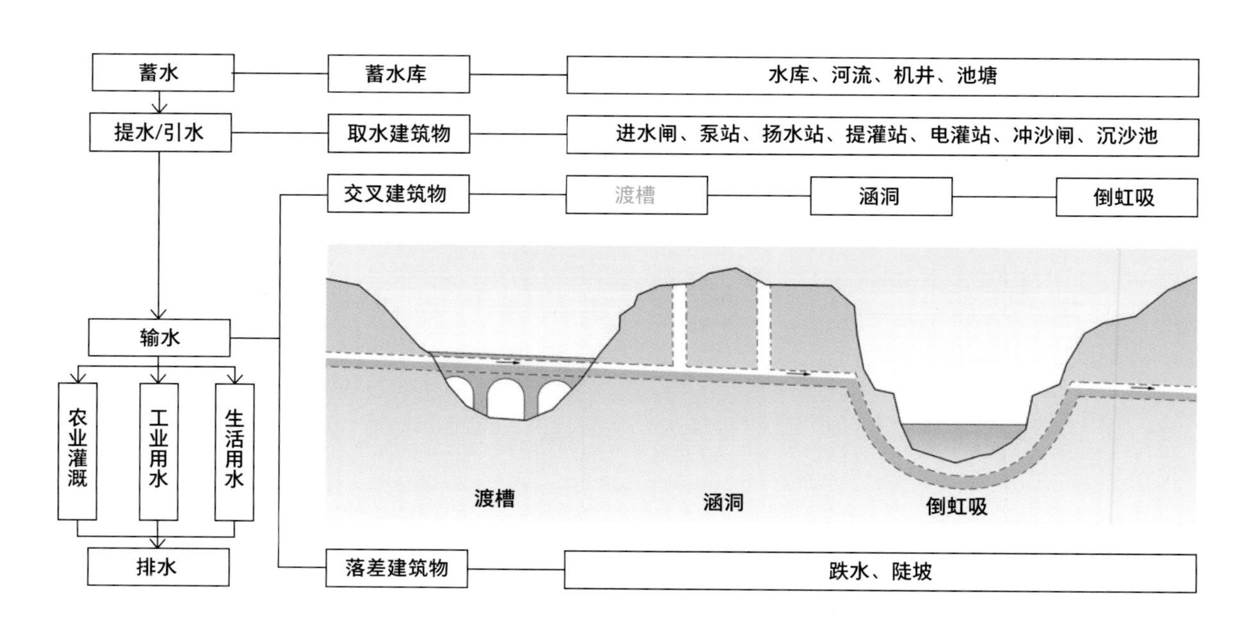

3.2

长藤结瓜

一个完整的自流灌溉工程体系既有输水系统满足用水需求，也有排水系统进行防洪排涝，还配有各种水闸调节水量，这是一个超出了建筑学领域的复杂水工构筑物综合体（**图3_4**）。在南方丘陵山区，许多灌区的渠道如瓜藤，水库和池塘像藤上的瓜，整个灌溉系统犹如"长藤结瓜"，顺藤摸瓜可以分析这类灌区的关键组成：渠首引水或蓄水工程、输水和配水渠道系统称为藤，灌区内部的小型水库和池塘称为瓜。蓄水库是灌区的基础，水工构筑物将水从河流、水库、机井中提取，再输送到灌区内部的小水库、池塘乃至田间地头。水工构筑物分为挡水、泄水、取水、输水建筑物，为整治河道服务的建筑物，船闸和电站厂房等专门建筑物，以及水闸共7大类（*表3-3*）。渡槽是灌区水工构筑物中应用广泛的交叉建筑物之一，通常用于应对地形的变化，"水利之魂"韶山灌区就是这种灌溉工程的典范之一。

北有红旗渠，南有韶山灌区。韶山灌区位于毛泽东的家乡湖南省韶山市，并涉及湘潭、宁乡、长沙等六个县市的广大丘陵地区，1965年由时任中共湖南省委书记处书记华国锋主持建设，至1973年历时8年逐步完成了配套工程。它采用了丘陵地区特有的渠、库、塘结合的"长藤结瓜"灌溉系统，将渠道和灌区内的大小水库和塘堰串联。韶山

表3-3　水工建筑物分类
表格来源：根据祁庆和《水工建筑物》第 3 版（1981）整理

<table>
<tr><th>分类</th><th>用途</th><th>实例</th></tr>
<tr><td>挡水建筑物</td><td>挡拦河水、确定最高水位或形成水库</td><td>堤坝、水闸、海塘、堤防等</td></tr>
<tr><td>泄水建筑物</td><td>宣泄在各种情况下的多余入库水量以保证坝的安全</td><td>溢流坝、溢洪道、泄洪洞、分洪闸</td></tr>
<tr><td>取水建筑物</td><td>输水建筑物的渠首建筑</td><td>进水闸、深式进水口、泵站、扬水站、提灌站、电灌站、冲砂闸、沉沙池等</td></tr>
<tr><td>输水建筑物</td><td>从水库或河道向下游输送灌溉、发电或工业用水的建筑物</td><td><table>
<tr><th>分类</th><th>用途</th><th>实例</th></tr>
<tr><td>交叉建筑物</td><td>在渠道与山谷、河流、道路、山岭等相交处修建的建筑物</td><td>渡槽、倒虹吸、涵洞等</td></tr>
<tr><td>落差建筑物</td><td>在渠道落差集中处修建的建筑物</td><td>跌水、陡坡</td></tr>
<tr><td colspan="3">其他：输水管道、渠道</td></tr>
</table></td></tr>
<tr><td>整治建筑物</td><td>整治河道，改善河道的水流条件</td><td>丁坝、顺坝、潜坝、护岸、导流堤</td></tr>
<tr><td>专门建筑物</td><td>专门为灌溉、发电、给水、航运等用途而建的建筑物</td><td>电站厂房、船闸、升船机、放木道、筏道、鱼道</td></tr>
<tr><td>水闸</td><td>调节水位、控制流量，兼有挡水和泄水的作用</td><td>引水闸、进水闸、尾水闸、分水闸、节制闸、泄水闸等</td></tr>
</table>

灌区的工程包括水库枢纽（水电站）、引水枢纽（韶山灌区引水坝）和灌区工程三部分，干渠总长240km，形成了如毛细血管般细密的网络（**图3_5**）。26座渡槽因地制宜地采用了4种结构形式，其中有5座1965—1966年建造的渡槽被列为省级文物保护单位，韶山灌区也是湖南省文物保护单位，因此这些渡槽成为了“双省保”（表3-4）。

3.3

公社园林化

1958年10月的《人民公社规划汇编》开篇发出号召：“达到农田水利化、农村园林化、沟地川台化、坡地梯田化、荒地荒坡绿化，彻底改变农村旧有面貌。”[1]1958年，毛泽东倡导群众动手实现“大地园林化”，即园林绿化结合农业生产，作物兼顾观赏价值和经济价值。大地园林化促成了以人民公社为单元的生产和绿化体系，在其管辖地域范围内开展的公社规划具有明确的目的，使连绵荒山变成了花果山，神州大地逐步进入了“绿化祖国”的高级阶段。除了妥善布局传统农作物外，公社园林化还要通过与其他绿化措施、水利建设相结合来战胜自然灾害，使增加粮食产量与改善生活条件相得益彰。规划还必须预留用地，考虑到种苗所需的园林化苗圃及拓展用地[2]。

1 中华人民共和国农业部土地利用局. 人民公社规划汇编[M]. 北京：科学普及出版社，1958:11.
2 北京林学院辽宁建平、河北徐水、北京怀柔下放队. 人民公社园林化规划设计[M]. 北京：中国林业出版社，1959.

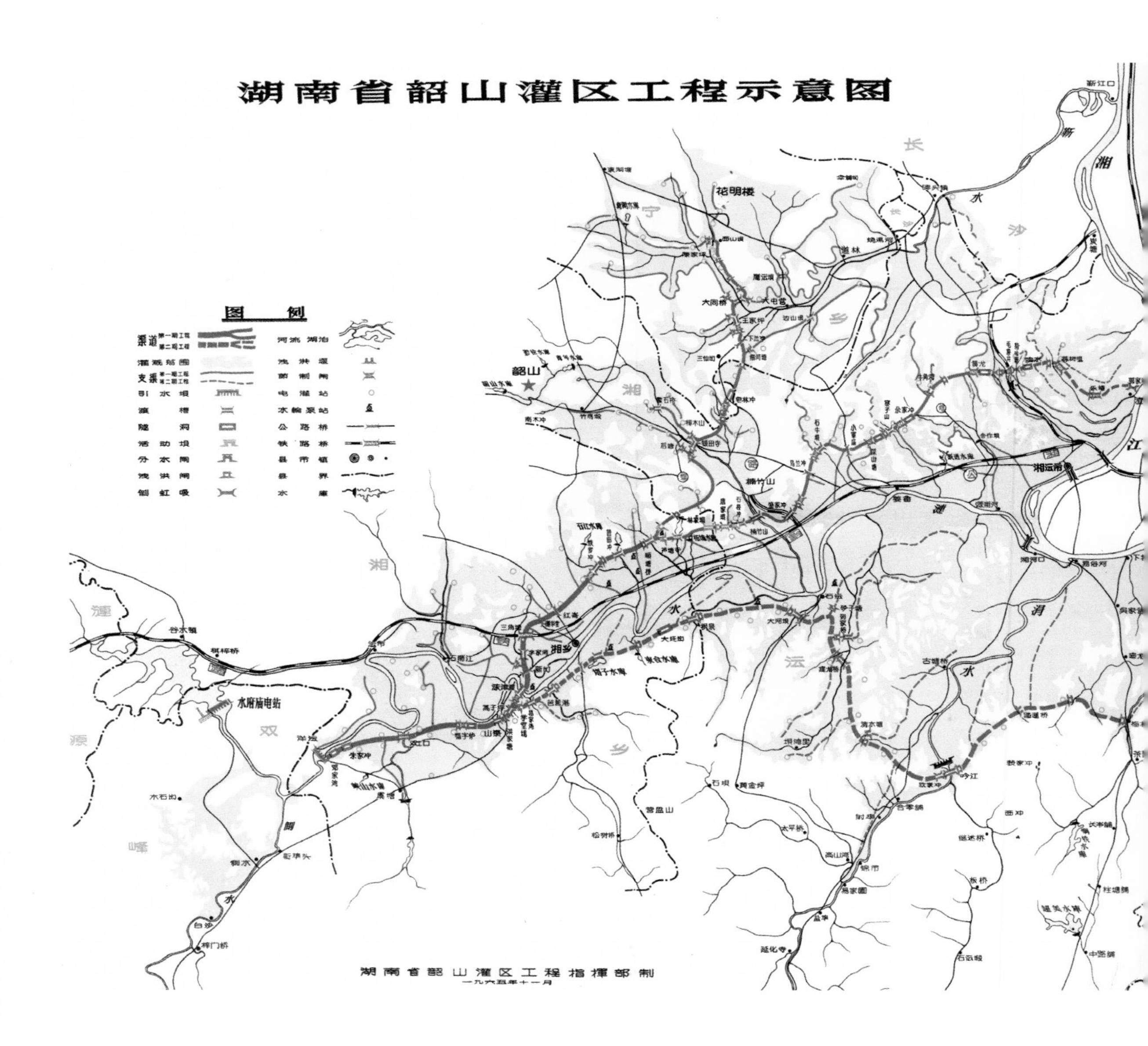

图3_5 湖南省韶山灌区工程示意图

表3-4　湖南省文物保护单位韶山灌区内的渡槽
表格来源：根据湖南省革命委员会水利电力局《韶山灌区第一分册：规划》（1976）整理

名称	竣工时间	结构体系	位置
“飞涟灌万顷”渡槽	1966	预制装配式钢筋混凝土肋拱6跨渡槽	湘乡市城外洙津渡
“三湘分流”渡槽/顺塘桥渡槽	1965	简支梁式钢筋混凝土双悬臂14跨渡槽	湘乡市
云湖天河渡槽	1965	简支梁式33跨钢筋混凝土渡槽	湘潭市云湖桥镇
韶山银河渡槽	1966	中间双悬臂排架梁式钢筋混凝土渡槽	韶山市银田镇
南河石渡渡槽	1966	7孔石拱渡槽	距灌区南干渠37km处

“田成方，屋成行，清清河流绕村庄。”这一田园景象与渡槽有关：平原及低丘地区追求“田成方”，即地块整治要求形成格子田。假如平原地区缺水或地下水位低则可以打井，采用小型提灌站式渡槽（**图3_6**）；在水网如织的江南平原，地形平整、耕地稀缺，且通常不缺灌溉水源，故很少见到渡槽；山区和丘陵地区则难以实现地块规格统一，为使田地尽可能物尽其用，山区田畦不规则是常态，渡槽在丘陵地区也更为突出。这些形成了基于地形地貌差异的不同的公社园林化景观。为防止渡槽内的水过度蒸发，社员们会在渠道两边种植果木、桑树、松柏，体现出对劳动成果的珍视。河南省淮滨县的九里渡槽建成于1976年底，虽然目前已经断水，但树木留下了一部往昔时光的成长史：九里渡槽倒梯形截面的渠道两侧栽种着大白杨，桥头是矮矮的桑树，夏天要走到渡槽会绕过一片西瓜田，田园风貌和45年前的并无二致，令人想

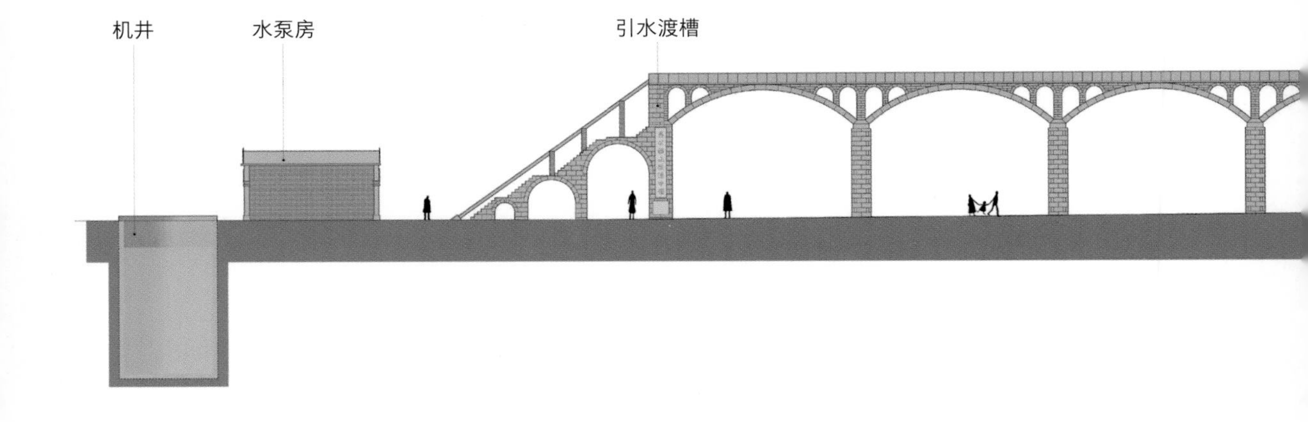

起当年响彻在工地的歌声："新打的大旗两面光，东栽杨柳西栽桑；东风一刮桑吃柳，西风一刮柳吃桑。"（**图3_7**）

公社园林化是大地园林化在乡村的实践，不仅改变了乡村的外在物质形态，还将增产增收和美化环境相结合，没有将审美价值和情感价值排除在农业生产以外。在此过程中，技术人员的服务对象始终面向农民和农村，他们用设计理念装点了祖国的山乡。

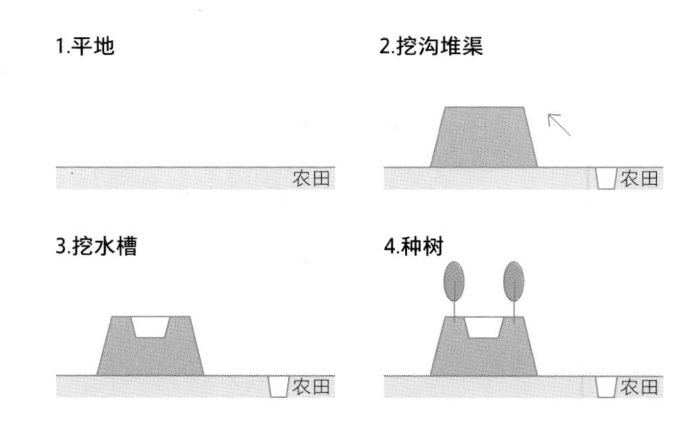

↑图3_6　提灌站渡槽

→图3_7　河南省淮滨县九里渡槽渠系两侧的防风林

3.4

火车驶过田野

铁路打通了城乡关系，改变了日常生活的节奏，竭力推进现代化的进程，中国波澜壮阔的铁路崛起与乡村水利建设交相辉映。输水渠和铁路通常位于不同标高，渡槽造就了具有审美意义的天际线，铁路和渡槽共同体现出长期的现代化联想和集体力量的象征性。无论是铁路还是输水渠都使乡村陡然接触到了外界，如韶山灌区建成后农、林、渔业全面发展，丰收后的经济作物作为礼品载上列车，通往韶山的列车上就有当地的名产韶峰茶。

湖北省境内多湖泊也多渡槽，它同时也是铁路发达的省份。毛泽东诗词“茫茫九派流中国，沉沉一线穿南北”中的“沉沉一线”正是京广铁路的前身，如今的它纵贯北京、河北、河南、湖北、湖南和广东六省市，横跨了五大水系，是中国南北向的一条交通大动脉。湖北省孝感地区陆山渡槽1972年竣工，属于徐家河水库扩大灌溉工程，渡槽高墩大跨，可供登临眺望。它横跨澴河、飞越京广铁路，水道与铁路擦肩而过又互不相扰，在火车不甘示弱的长鸣之中形成一派声色盎然（**图3_8**）。

京九铁路是位于京沪、京广两大铁路干线之间的又一条南北大动脉，属于中华人民共和国建设的杰出成就。20世纪80年代，绿皮车纵贯京、

→图3_8　湖北省孝感地区的陆山渡槽

C70
16 6747 7
农业学大寨

冀、鲁、豫、皖、赣、粤7省市，老京九铁路沿线分布着冀东、大别山、井冈山、粤北山区等经济欠发达山区，又途经鲁豫粮棉主产区，自然生态、人文古迹和聚落类型多姿多彩（**图3_9**）。[1]由于沿线的矿产、林业和农业物产富饶，铁路就为各类资源调查提供了目标和线索，近代以来工程师围绕着铁路与长江、黄河交叉点开展了物产和勘查研究，积累了土壤、水文、防灾等基础数据，逐步带动了欠发达地区的农林物资输出，并为水利建设提供了决策依据。

郑州市是多条铁路交会的中心，又是长江和汉水水陆联运的集散地，郑州市北侧的新乡地区因京广铁路和黄河而奠定了战略地位。20世纪50年代，新乡修建了“引黄济卫”的人民胜利渠。中华人民共和国成立35周年之际，河南省科学院地理所主编的《新乡地区灌溉图集》出版，它创新性地将卫星图片和各类地图统计资料结合，是我国第一部以灌溉为主题的区域性专用图集。[2]该图集翔实记录了大中小灌区的“长藤结瓜”模式，并将灌区与黄河、铁路和公路组成的交通系统并置，可作为地区水利建设管理的科学依据（**图3_10**）。远处的京广铁路列车从黄河岸边隆隆而过，铁路、黄河、水利设施构成了与日常生活不可分割的新乡风景。

1 宋金平. 京九铁路沿线集镇发展研究[J]. 地理研究, 1997(12): 80-86.
2 河南省科学院地理所. 新乡地区灌溉图集[M]. 北京: 测绘出版社, 1986.

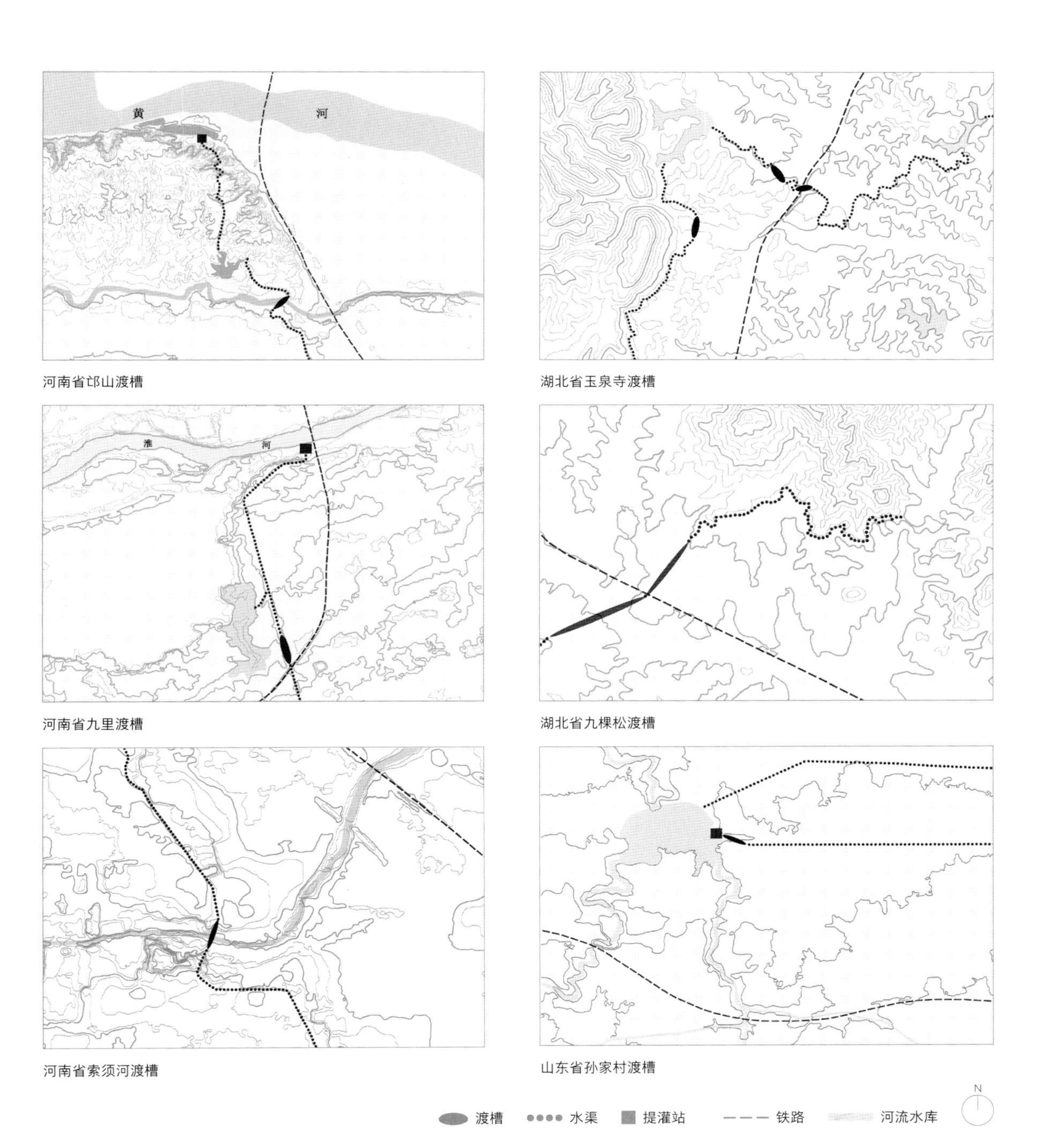

图3_9　铁路和渡槽的关系

百泉灌区

马坊灌区

沧河灌区

济河灌区

图3_10 河南省新乡的灌区与铁路的关联

4

天水飞渡

本章采用了案例分析的方法。案例分析通过对既有研究的梳理找出其疏漏，再提炼出重要、有趣的议题，并运用各类方法对案例在历史上与当下的状况进行讨论，最终归纳出一些普遍性的原则或趋势。研究要保证要素之间的对话，它们以各自的力量汇聚成宏大叙事背后的脉络。在案例研究中，田野调查是最为常见且必备的方法。本章对渡槽的田野调查，考虑到了地域的差异性、渡槽和灌区规模的等级性，以及文献档案和现场调查的相互证实。

图4_1　十二省区市
渡槽调研范围

胡焕庸线是一条贯穿云南腾冲和黑龙江黑河的直线，是胡焕庸先生（1901—1998）1935年提出的一条体现中国人口分布规律的假想直线，此线西北土地面积占全国的64%，人口却仅占全国4%。尽管直线的两侧有雅鲁藏布江、长江等大江大河，但水资源的利用程度不同。根据对各类地方资料和卫星图片的对照辨认，截至2022年，人民公社时期的乡村渡槽存10 600座。以胡焕庸线为基准线，乡村渡槽的分布规律呈现出较明显的地域差异。本章调查的呼和浩特市近郊的渡槽位于胡焕庸线西北侧，大理市城郊的渡槽则贴邻着胡焕庸线，其余渡槽则位于另外十个人口密度较高的省市。这些被调查的乡村渡槽犹如雨水汇入江河，虽然数量不多，但品质不低，反映的是当地独特自然环境之下的珍贵遗存（**图4_1**）。

4.1

在失败中探路的
江汉平原渡槽群

湖北省素有“千湖之省”之称，20世纪60年代后兴建了大量的蓄、引、提水工程。江汉平原作为农业主要产区，当时集中进行了水利建设（**图4_2**），渡槽需要应对湖泊和溪流众多且京九铁路跨境而过的地理条件（**图4_3**）。

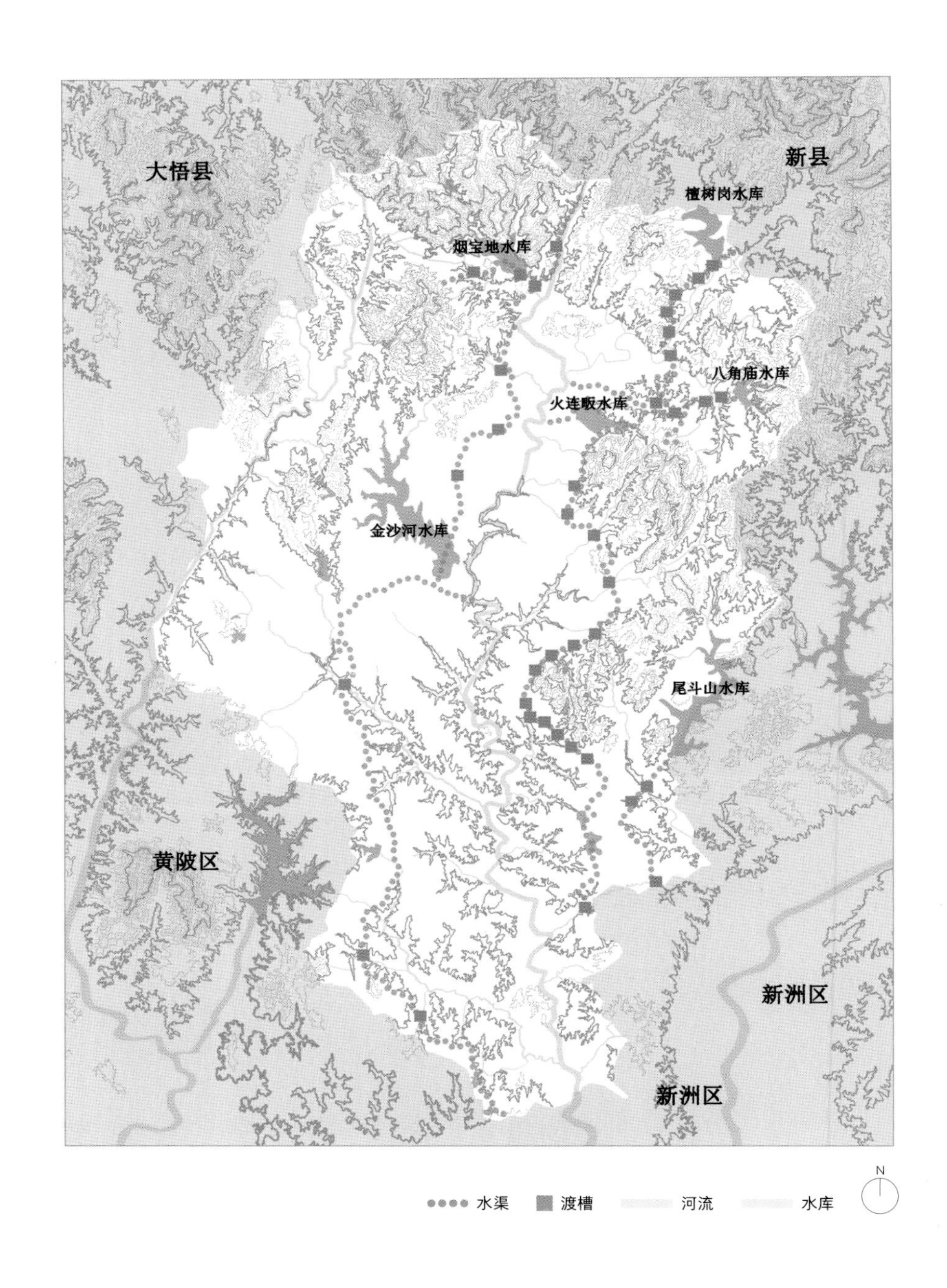

图4_2 本书调研的江汉平原红安县渡槽群

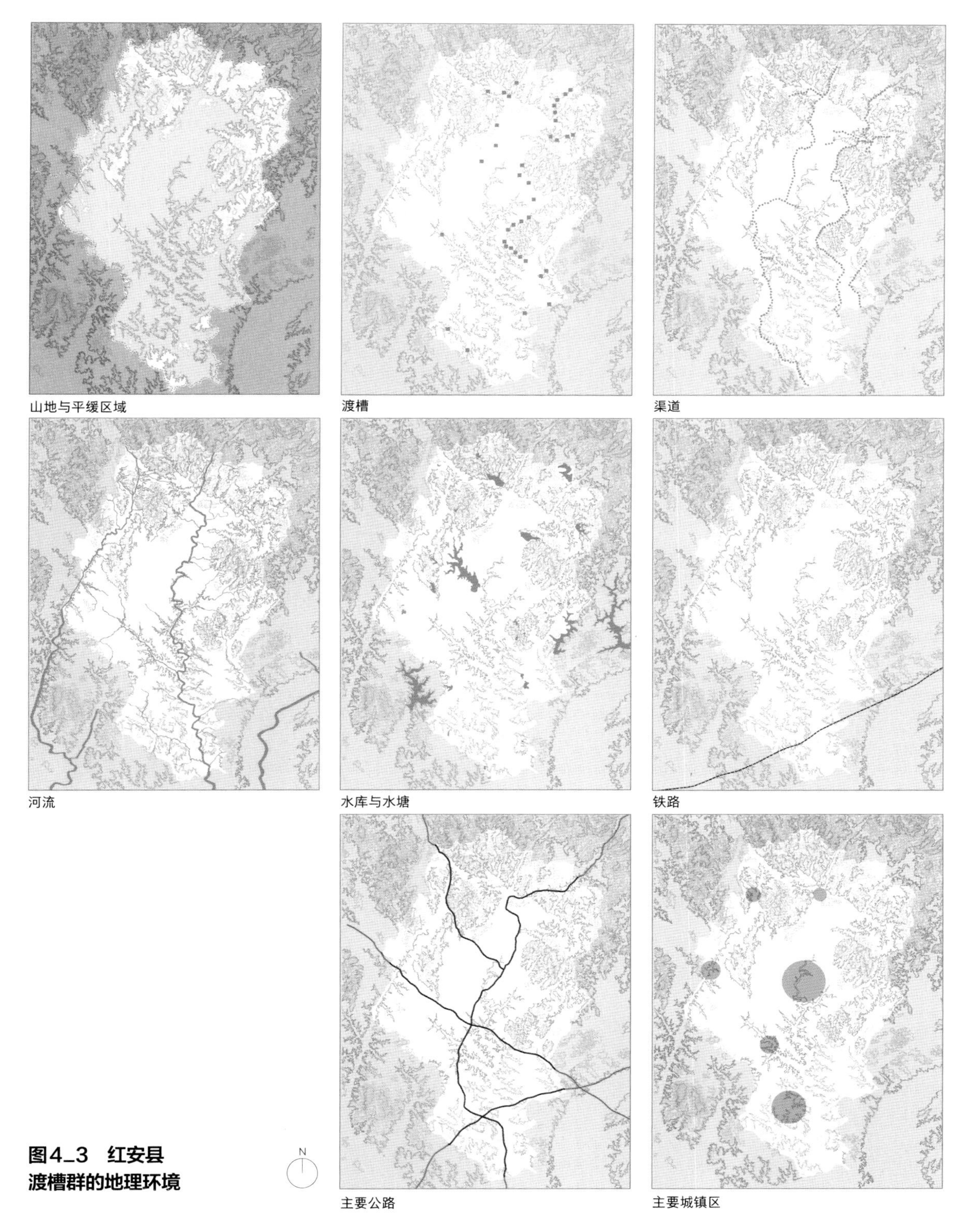

图4_3 红安县
渡槽群的地理环境

1965年7月，湖北省水利厅召开设计（施工）革命化会议，提出了渡槽轻型化、薄壳化、吊装化的要求。[1]湖北省从广东省湛江市学习到轻、巧、薄等结构设计方法，着力研发混凝土预制构件的吊装技术，全省约有1/4的渡槽为钢筋混凝土单、双排架，从传统的重力墩式向装配式施工迈进了一大步。1964年在中国历史上发生了两件大事，一是中共中央发出了“农业学大寨”的号召，另一件是向中西部13个省和自治区进行工厂大迁徙，以备战为目的的“三线”建设从此时开始，“三材”因巨量工程而变得极度匮乏。但湖北省的渡槽多处采用了钢筋混凝土结构，这种稀有用材使它们在那个时代与众不同。在逶迤的乡间小道上远远瞥见这些遗存，令人不禁怀疑，它们真的建造于那个火红的年代吗?

湖北省红安县原名黄安县，是鄂豫皖革命根据地的摇篮，中国著名的“将军县”。20世纪50—70年代，得益于为中华人民共和国屡立战功的老革命对家乡的直接关怀，红安县在水利建设的“三材”获取方面享受到了一定便利。建于1964年的五方冲渡槽位于红安县城西长渠村，属于金沙河水库红新干渠的重要枢纽工程，为钢筋混凝土肋拱结构，总长365m、最大高度21m、拱跨24m左右（**图4_4**）。伍峰岗渡槽位于武汉市新洲区伍峰岗村，为钢筋混凝土U形薄壳结构，除河沟地段采用15m一跨、3跨2排架外，其余均为10m一跨单排柱。[2]渡槽自1966年动工，历时4年建成通水，为20世纪60年代湖北省境内修建最早、规模最大、线路最长、使用民工最多的水利工程设施，至2004年停用。其整体形制和结构均保存完整，2011年被列为武汉市文物保护单位（**图4_5**）。

福德渡槽坐落于红安县七里坪镇徐家塆（**图4_6**），取水自烟宝地水库，跨越了320省道及四马河，为全长550m的钢筋混凝土排架结构

1　湖北省地方志编撰委员会.湖北省水利志[M].武汉：湖北省人民出版社，1995：41.

2　邓进标，邹志晖，韩伯鲤，等.水工混凝土建筑物裂缝分析及其处理[M].武汉：武汉水利水电大学出版社，1998：22.

↑图4_4　红安县
五方冲渡槽

↓图4_5　新洲区
伍峰岗渡槽

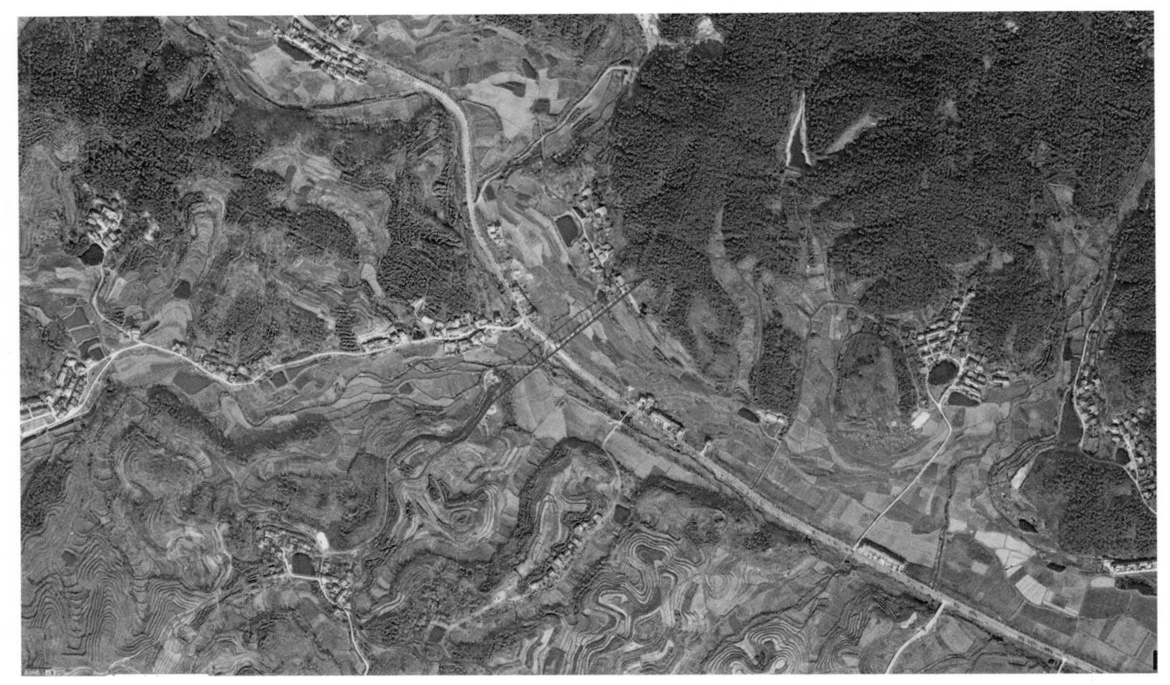

↑图4_6　七里坪镇福德渡槽区位图

→图4_7　七里坪镇福德渡槽

（**图4_7**），追求轻、巧、薄的技术革新，以应对材料及吊装设备短缺的窘迫条件。据记载："1972年8月17日最高气温时，槽身自行下落而倒塌。"[1]几十年过去了，经过多次加固维护，渡槽可以应变极端天气，恢复了正常的输水功能。水利设施的兴修，从试验到竣工再到维护，充满曲折，反映了设计指导思想在现实条件和实践检验下的波浪式推进。

红安县桃花渡槽是调研范围内为数不多的浆砌体石拱渡槽，它位于檀树岗水库干渠（**图4_8**）。槽身为高约9m、长约285m的石砌梯形，设计流量很小，仅为$5m^3/s$。红安县的西张元渡槽与桃花渡槽形态相似，

1　湖北省红安县地方志编纂委员会. 红安县志1990—2007[M]. 武汉：武汉大学出版社，2016：167.

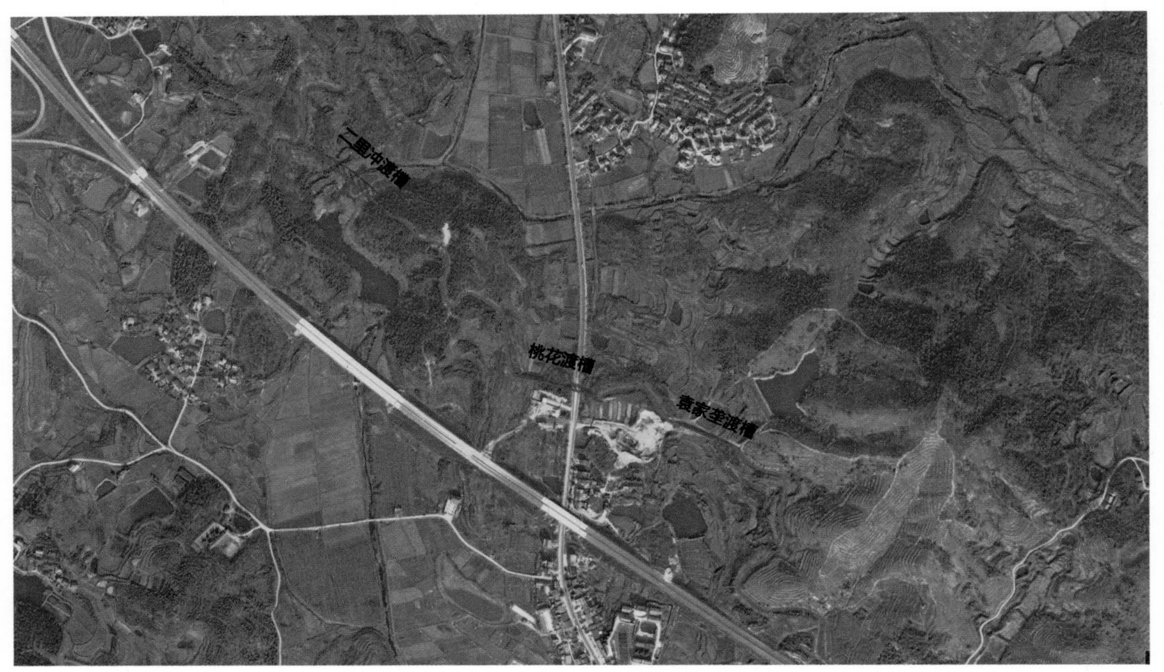

图4_8 红安县二里冲渡槽、桃花渡槽、袁家垄渡槽区位图

长约308m，设计流量小至4m³/s。它们整体采用了地方石材，与追求长距离、高墩大跨、大流量的石拱渡槽发展方向差异较大，与形成了一定技术优势的U形薄壳渡槽反差更强，反映了源于地方劳动力、地方材料和技术组织的多样化特征（**图4_9**）。

九棵松渡槽位于蕲春县横车镇九棵松村，为白莲河水库渠道附属构筑物（**图4_10**）。渡槽1969年建成，总投资69.39万元，全长达2473km，由湖北省工程二团设计施工，其技术和设施装备均是专业化和正规化的代表。渡槽所处地形复杂，最高柱高36m，预制吊装

图4_9　上：红安县桃花渡槽；下：西张元渡槽

图4_10 横车镇
九棵松渡槽区位图

构件施工难度大，对机械设备和安装程序提出了高要求。渡槽分区段采用了组合结构，在建造之初墩柱使用了地方石材，槽身以桁架结构为主，绵延延展，形成与众不同的天际线，体现出雄厚的营建技术实力（**图4_11**）。目前跨越京九铁路段为新建的三跨中承式桁架拱结构（**图4_12**），其余跨为钢筋混凝土排架结构。在资金、设备不足的情况下，部分槽身按轻型薄壳结构设计施工，1970年首次通水后槽身出现了晃动，1971年开始维修加固，并持续性地进行保养维修，逐渐根除了险情[1]（**图4_13**）。

江汉平原的高架输水道兼有农业、工业、防灾和交通运输等综合功能，这些渡槽曾受到广东省湛江市渡槽设计建造技术的深刻影响，同时珠玉迸发，涌现出地方性技术的积累特征。为应对复杂高程，常采用分段处理的组合式渡槽；以钢筋混凝土单、双排架的预制构件为切入点，强调预制构件的装配和吊装工艺，为施工进度赢得了时间；又以桁架渡槽、薄壳渡槽和石砌槽墩为组合结构，因地制宜造福江汉平原。

但“幸福之水”并非一劳永逸，即便是“国家队”负责施工，渡槽问题也不少。新技术的运用伴随着各类工程事故，专业团队不断从失败中摸索经验，客观上培养了一批深入基层的技术力量。江汉平原的绝大部分渡槽在1964—1969年之间建成通水，早于20世纪70年代人民公社时期的渡槽建造高峰，它们是较早使用U形混凝土高架排架结构的渡槽例证，代表了一定历史阶段的技术发展转折，同时也呈现出新结构选型在地域建造实践中的创造性应用。

1　戴风林. 白莲河水库志[M]. 武汉：湖北人民出版社，1990.

↑图4_11 2020年，九棵松渡槽跨220省道段正在重新施工，为钢筋混凝土排架结构

↓图4_13 20世纪80年代的九棵松渡槽，桁架结构绵延远去

→图4_12 九棵松渡槽跨越京九铁路段为新建的三跨中承式桁架拱结构

4.2

福建省云霄县向东渠引水工程

向东渠属于县级水利工程，1970年8月30日成立“福建省云霄县向东引水工程指挥部”，9月13日工程开工，1973年3月12日在瓦埔乡举行了竣工仪式。[1]渠系总长50.5km，灌溉云霄县和东山县2万多亩良田。它是历时三年谱写的一部乡村水利史诗，也铸就了可贵的“向东精神”。渠道现址保存基本完整，2021年其八尺门跨海渡槽段被拆除。

云霄县盼水与治水的基础条件

云霄县位于福建省漳州市南部沿海，由于缺乏水利设施，虽然有清澈如镜的漳河流过全域，但河床低于农田无法取水。云霄有民谣“三天无雨火烧埔，一场大雨变成湖”，说的是干旱无雨时村落犹如被火烧一样的灼热，一旦大雨，四里八乡又将变成汪洋，人民期盼解除水患（**图4_14**）。

人民公社时期当地治水取得了一定成效，漳州市漳浦县朝阳渠1969年动工，次年通水，解决了耕地长期缺水的问题，带来奔涌的清流，对向东渠具有强烈的示范作用。云霄县不乏能工巧匠，多数庙宇祠

1 福建省云霄县地方志编撰委员会. 云霄县志[M]. 北京：方志出版社，1999.

图4_14　1900—1990年漳州各地洪涝灾害图

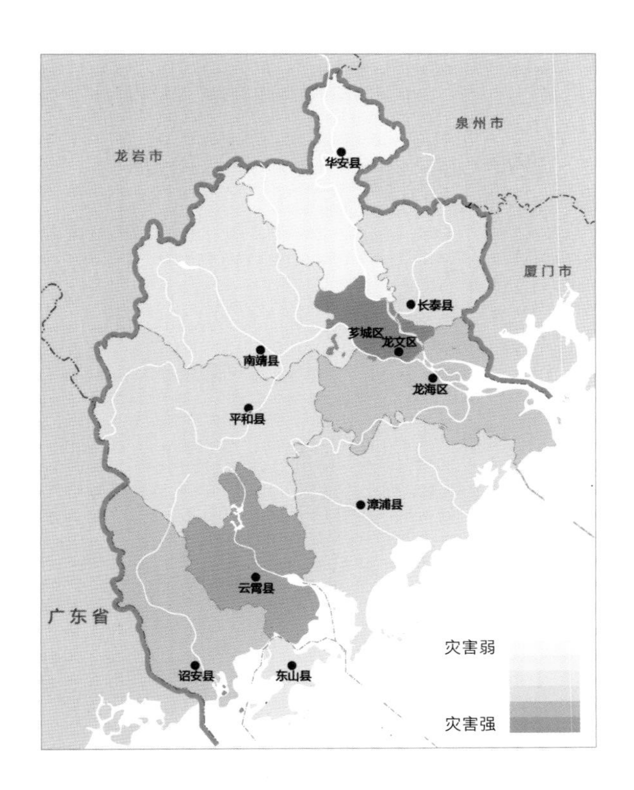

堂、桥梁、堤坝均由本地工匠修筑。20世纪50年代，生产合作社中就组建了打石小组，1960年当地工匠还参与了东山岛的海军军事基地建设，诞生了一批“土专家”和革新能手。

复杂的渠系工程

向东渠穿山越岭，改变了地貌特征，本就属于闽南沿海山区地形改造的一部分。渠道包括引水渠、滚水坝、渡槽、倒虹吸、隧洞、排水

表4-1　云霄县1985年之前千亩以上引水工程汇总表
表格来源：根据云霄县水利电力局《水资源调查评价与水利化区划报告》（1985）整理

分区名称	工程地点	工程名称	引水方式	受益单位			干渠长度（km）
				公社(个)	大队(个)	生产队(个)	50.3
Ⅰ区	下河：水尾、马铺	向东引水渠	水尾、下墩、漳江滚水坝	6	38	–	5
	下河：世坂	世坂引水渠	西溪滚水坝	2	2	–	18
Ⅱ区	东厦	漳江水闸	漳江水闸	2	25	–	左：3.2
Ⅲ区	岗屿	山前水闸	山前水闸	1	2	27	右：1.4
合计				11	67	27	77.9

闸、溢洪堰（**图4_15**），工程选线考虑了地质条件以及施工难度，各类水工构筑物组成了一个利于输水防灾的整体。

漳河作为水源自北向东南贯穿云霄县全县，需要先建设漳河上游的拦水截流坝，再开挖石字、下墩、水尾三条支渠将水引入向东渠总干渠，进水支渠长达10.48km。[1]云霄县在1985年之前分为三大灌区（表4-1），向东引水渠跨越了三个灌区，灌溉面积2.31万亩，获益公社达6个。渠系工程分别在漳江、三合溪和水尾河上游修建车墩坝、马铺下墩滚水坝和水尾滚水坝，逼水上山，经马铺、下河、城关、莆关、常山、陈岱6个乡镇场，由八尺门渡槽进入东山县。纵横三个灌区的11处渡槽闻名遐迩（**图4_16**），堪称人类改造自然的巍巍地标，成为了向东渠上的标志性景观（**图4_17**）。

1　漳州志福建省漳州水利水电局. 漳州水利志[M]. 厦门: 厦门大学出版社, 1998: 18.

↓图4_15　向东渠
水源、总干渠、支渠
和坝体分布图

→图4_16　向东渠
11处渡槽与云霄县
3个灌区的关系图

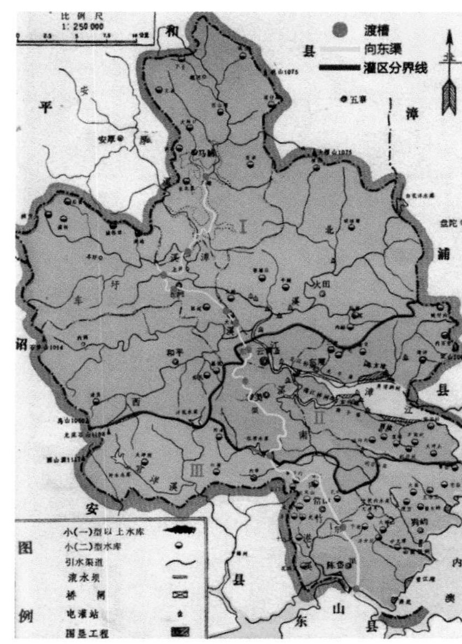

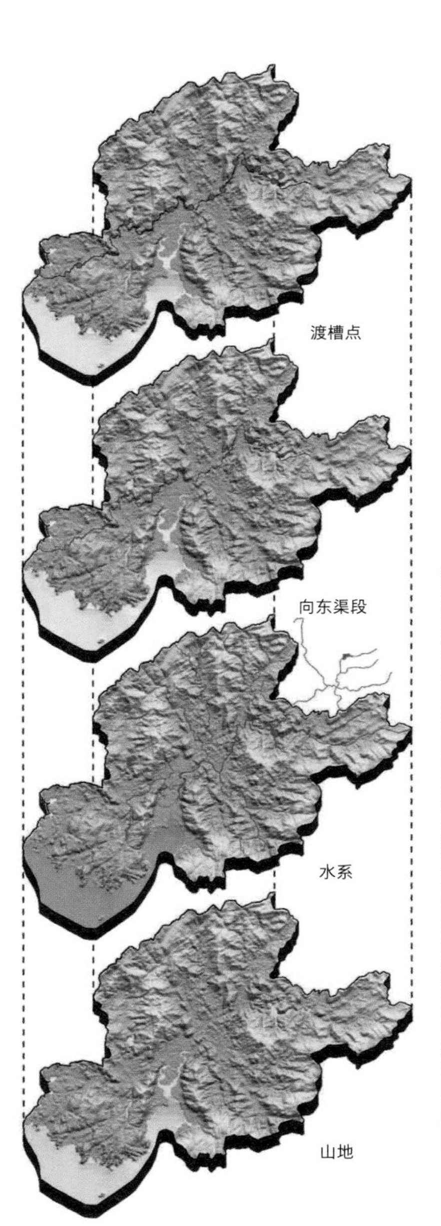

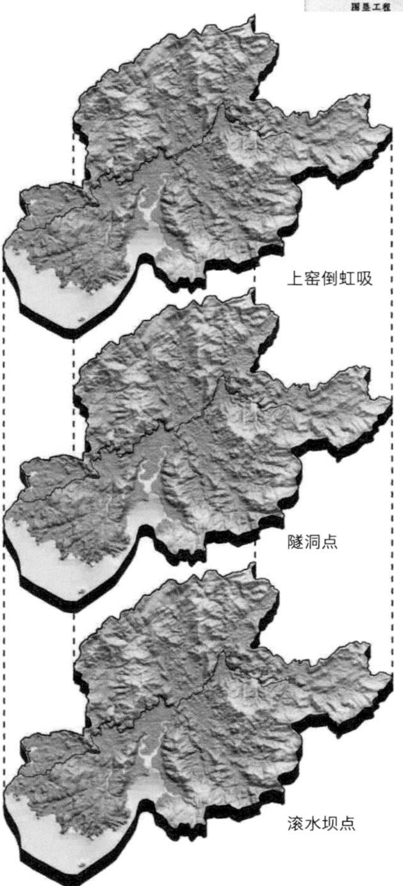

图4_17　风吹岭渡槽竣工仪式

干涸的大地受到滋润，花开遍野，两个县的甘蔗、杨梅等经济作物和水稻等农作物大丰收，水利工程的硕果在人民公社期间常被传颂为“变荒山为花果山”。向东渠的配套工程建设经历了一个长期的过程，尽管基本解除了干旱对两县农业生产和饮水的威胁，但最初的输水效果一般。峰头水库设计蓄水1.77亿立方米，因耗资大，直到1974年向东渠竣工后一年才开始筹建，1993年通过验收，关键性的配套工程才全面使用（**图4_18**）。向东渠引水干渠总长85km，长距离输水对渠系维护的要求极高，1985年向东渠实际灌溉2.31万亩，仅为设计灌溉量的1/8，规划的科学性受到了“大干快上”的局限。[1]令人欣慰的是，1973年向东渠竣工后成立了向东渠管理处，持续对渠道进行维护，到1993年峰头水库建成后，水尾滚水坝仍能发挥蓄水作用。如今，通过近半个世纪的精心修缮，向东渠的生产功能、生态效益乃至水利景观均得到了有效改善。

高架石拱渡槽的技术含量

向东渠沿线标志性的渡槽有11座（**表4-2**），全线采用了梁式渡槽和高架石拱渡槽两个类型。限于逼仄的施工场地，八尺门跨海渡槽采用了梁式渡槽，其余10座均为高架石拱渡槽（**图4_19**）。20世纪70年代石拱渡槽向高墩、大跨、大流量和长渡槽方向发展，拱券结构由实体拱向肋拱及双曲拱演变。决定渡槽输水能力的是水流流速，充满度和坡度都相同的渡槽，管径越大流速越大。渡槽水流流速约在1.5 ~ 29m³/s，向东渠渡槽的流速为5 ~ 14.5m³/s，平均8m³/s，过水深1.8m，流量和流速水平属于中等；除了这一指标外，向东渠渡槽拱下最大净高29m、平

1　云霄县水利电力局. 福建省云霄县水资源调查评价与水利化区划报告[Z]. 1985: 20.

图4_18　向东渠的
配套工程峰头水库

表4-2　向东渠上11座渡槽设计规格
表格来源：根据福建省漳州水利水电局《漳州水利志》（1998）及现场调研整理

渡槽名字	长度（m）	流速（m^3/s）	所属灌区
双溪	150	14.5	Ⅰ
车头	120	14.5	Ⅰ
石牌	200	14	Ⅰ
后坑洞	85	14	Ⅰ
大埔	255	12	Ⅰ
世坂	840	12	Ⅰ
风吹岭	195	12	Ⅱ
宝树	55	12	Ⅱ
杜塘	75	11	Ⅲ
赤岭	30	5	Ⅲ
八尺门	1080	5	Ⅲ

均跨度为28m、总长2200m，整体技术指标与同期竣工的韶山灌区标志性工程“三江分流”渡槽相比具有优势（**图4_20**），后者的结构体系还是更为优越的钢筋混凝土双悬臂结构。“三江分流”渡槽目前为湖南省文物保护单位，而向东渠渡槽群尚未获得文保单位资质认证。

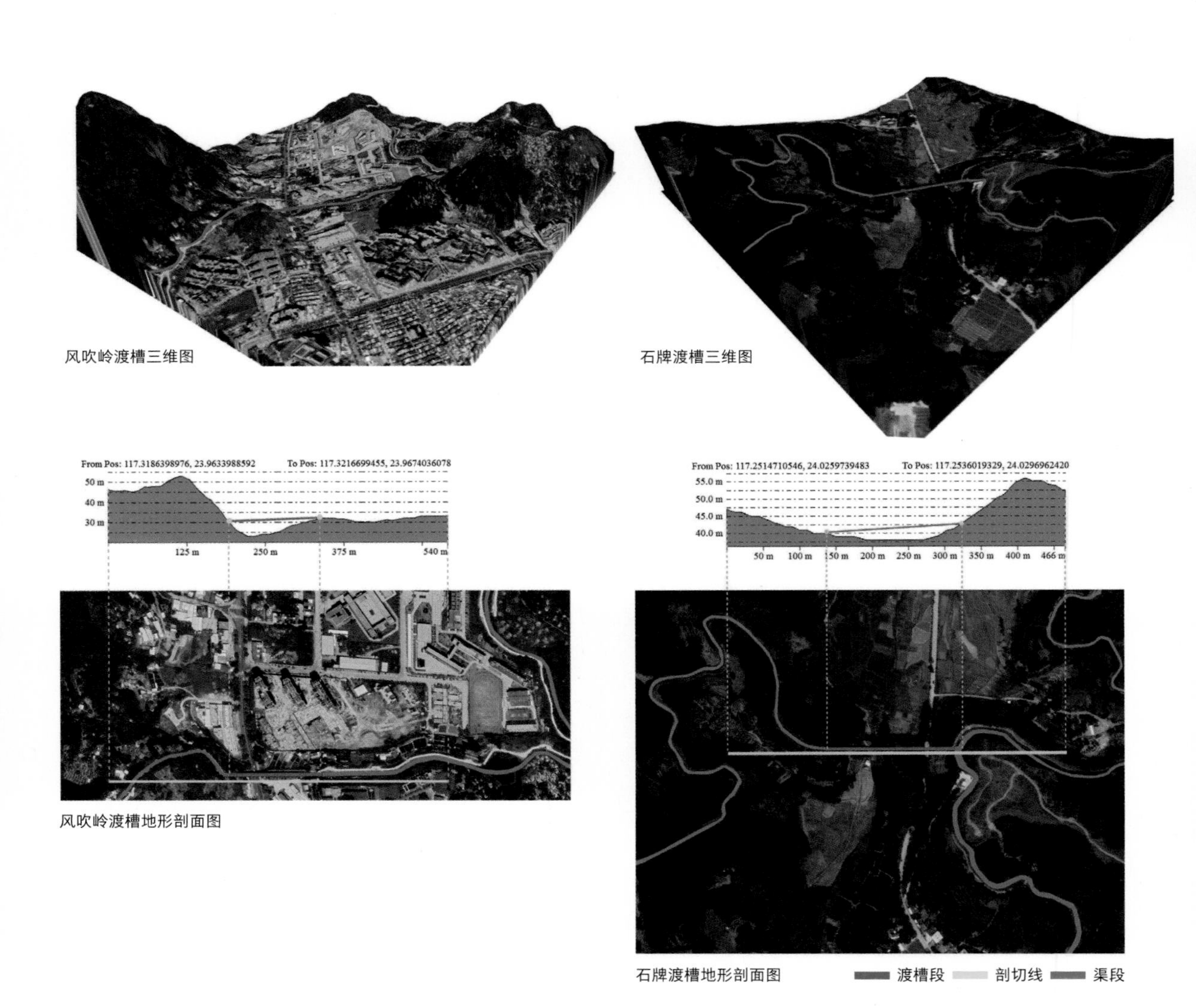

图4_19　风吹岭渡槽和石牌渡槽所在的地形

图4_20 渡槽的技术指标比较

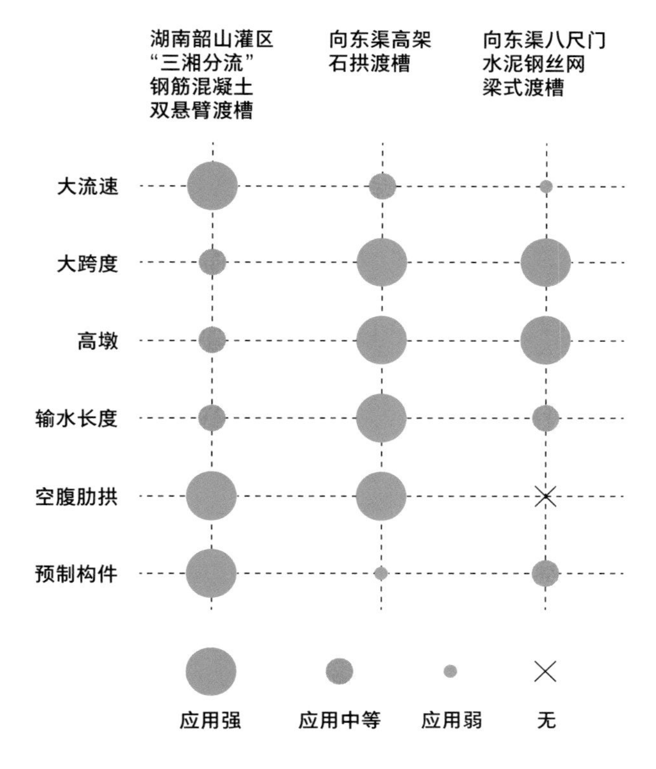

社员共同参与的技术创新

向东渠设计建造工程围绕节约“三材”进行了技术攻关，其中模板是重要的创新点，承载了万众一心的凝聚力。传统的满堂脚手架安全性高，但需要大量木模板，费工费力费料，向东引水渠由于缺乏足够的木料做模板，难以展开作业面，施工周期被严重拖长。而拱式木拱架不需要下体排架支撑，自重轻且拆卸方便，拱上结构施工期间下部空间依然可以通航行车。20世纪70年代，浙江平原水乡通过修建机耕桥获得了拱式木拱架的成熟建造经验，它的做法可以适应向东渠的施工条件。[1]然而，向东渠沿线地形更为复杂，高架石拱渡槽与平缓的机耕桥相比，木拱架容易失稳、刚度不够；在乡村缺乏现代化机械设备的条件下，大跨和高墩使施工的难度也大大增加，需要在拱架工艺和吊装上进行技术创新。减轻结构自重始终是中国建筑结构设计的攻关要点，轻质高强可以直接减轻木拱架的荷载。施工组组长吴禹门设计出“石－混凝土”的组合结构，最终综合了水流流速、材料、工艺和气候条件，将渡槽槽身截面减薄一半至20cm，在立面呈现出一排混凝土“壁箍”的韵律（**图4-21右下**）。

工欲善其事，必先利其器。建筑设备和设施对顺利达产、节省劳动力和保证安全极为重要。向东渠渡槽在“三结合”联合攻关下改良了施工设备，以提高社员劳动效率和施工安全性为前提的创新点不断涌现。针对20 ～ 40m跨度分别研发了“三铰桁式木拱架”和“双铰夹合式木拱架”，木拱架吊装运用了三角形平衡原理，先在风吹岭渡槽进行试用，然后在整个渠系铺开，体现了高架石拱渡槽极强的普及性，“丁字吊”则可以保证多个拱架同时施工，木拱架吊装运用的是三角形平衡原理。在乡村进行大规模的实践时，技术创新以容易让普通社员理解接受为宜，过于复杂的理念在落地时反而具有不确定性。落实大型工程需要制定严格的质量控制程序，这是一个众人齐心协力的整体运作系统（**图4_21**）。

一战封神。1978年向东渠大型石拱渡槽木拱架技术荣获了全国科学大会奖状。

1　福建省水利科学研究所．石拱渡槽的拱式木拱架：3.

图4_21　渡槽的施工过程及施工现存痕迹

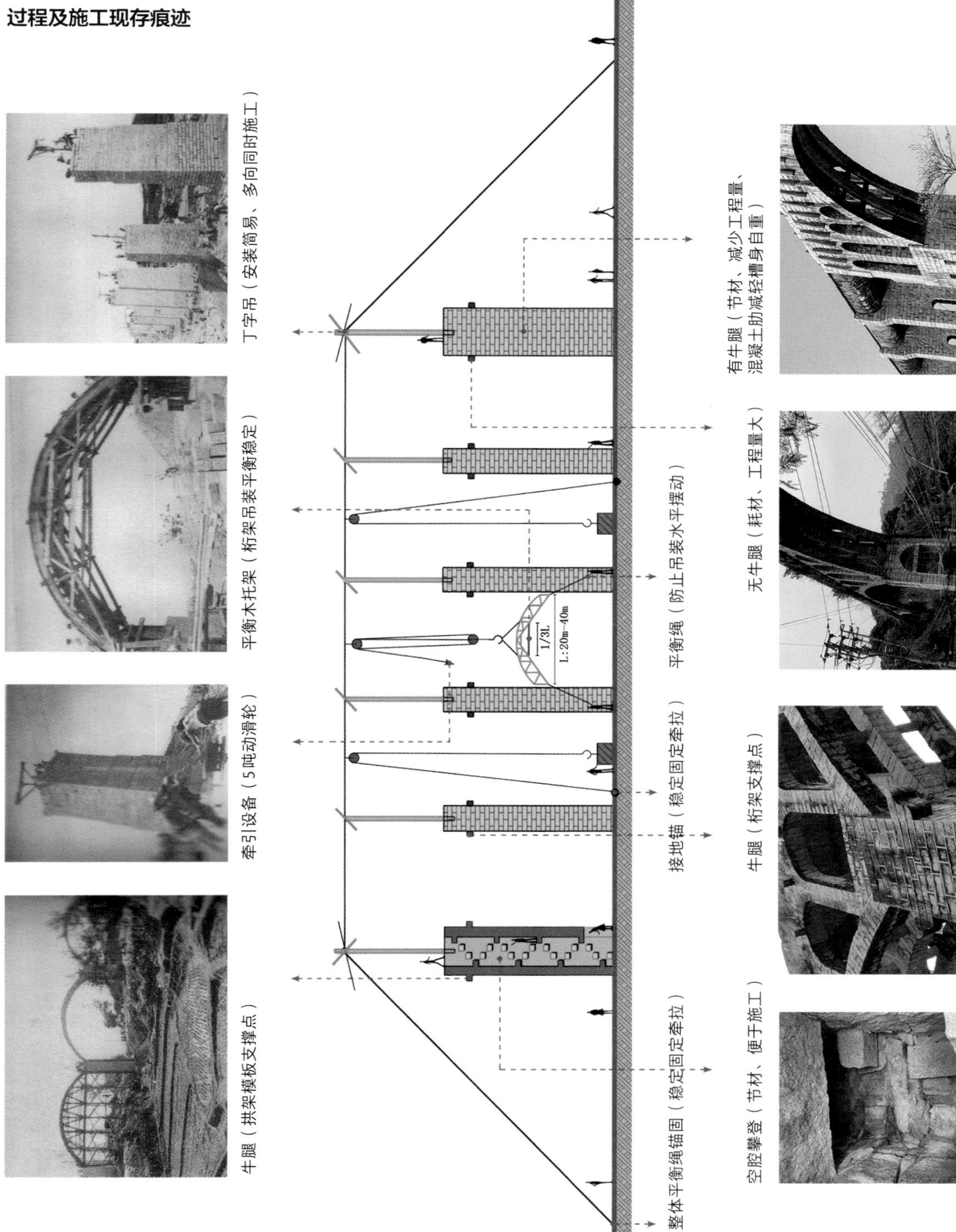

被拆除的八尺门渡槽

东山县东山岛与云霄县跨海相望，海岛严重干旱，1971年通过建设八尺门渡槽向东山岛送水，东山岛的人民公社和隧道工程队也参与了向东渠的施工。八尺门渡槽是技术难度极高的跨海大型渡槽，长达1080m。1961年八尺门海堤通过填海建成，首次构筑了连接东山县和云霄县的陆路交通（**图4_22**）。由于临海作业面逼仄、海上风力强劲，特殊的自然条件为转体法施工提供了技术突破的切入点，使八尺门渡槽的建成最终成为当年的伟业奇观。受到施工场地和台风天气的限制，八尺门渡槽没有采用高架石拱的结构体系，而采用了钢筋混凝土U形加固框架槽身，经过精心设计，槽身壁厚由80cm改为20cm（**图4_23**）。东山岛与台湾隔海相望，是闽东地区著名的海军基地，造船需要的木料由国家调拨，因此东山岛人民公社在施工中需要的高、直木材获得较为便利。合计56跨、每节708吨重的八尺门渡槽要设法吊至20m高空合拢，需要塔式起重机和配套设备才能完成，可是工地上只有钢丝绳和土绞车。施工小组苦战半个月，建造出一部高达30m的超大A形龙门吊架，用转体施工的办法，就像挖掘机铲臂旋转一样，通过设计柱身上的转动锚点，在狭窄作业面上完成了渡槽的合拢。

随着岁月的洗礼，民间庙宇在填海之地迎来了袅袅香火，星光下海边漫步，静谧的空间令人几乎忘记了水渠的存在，直到2021年八尺门海域综合生态修复工程启动，位于填海造地段的八尺门渡槽被拆除。

图4_22 八尺门
跨海渡槽

4.3

水资源分配的“空间正义”与苍洱泽国的电力抽水站

在一些水资源较为丰富的地区，高效调取水资源并将它们尽可能公平地分配给远近不同的居民，这是各类提水、引水工程建成的主要目的。例如古有泽国之称的云南大理，千年来坐拥丰沛的天然水资源：苍山的冰雪，于山间分成十八缕溪水，自西向东汇入洱海（**图4_24**）。基于这样的条件，洱海之畔在不同时期先后建成了一系列抽水站及渡槽。

这些抽水站功能相近却风格各异，例如洱滨村抽水站竣工于1972年，是平屋顶，具有现代气质，是人民公社时期的遗产；向阳溪大队抽水站则保留了当地传统的屋檐特征（**图4_25**）；建于人民公社制度退出后的城南、前进国营抽水站则回归了白族传统建筑风貌——青瓦白墙、飞展的檐角、丰富的纹样（**图4_26**）。建成稍晚的大庄村抽水站，甚至呈现出了民居式的院落布局。它们的建成深刻地改变了大理平原各村落的水资源分配格局。

在前工业化时代，洱海沿岸各村落仍沿用原始的人力提水方式。根据史料记载，彼时的村民采用自制的龙骨水车、桶、瓢等原始工具，日

图4_23 八尺门渡槽今昔对比

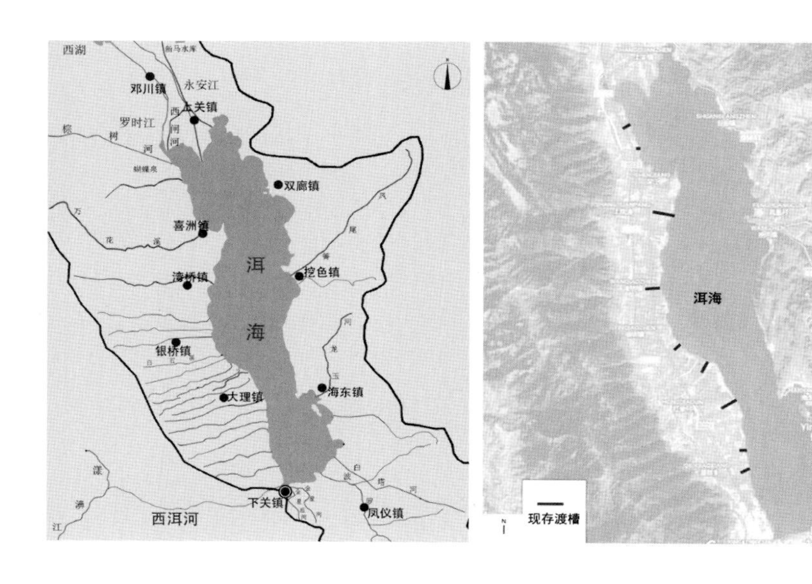

←图4_24　大理水系分布及渡槽分布对比图

→图4_25　洱滨村抽水站

↓图4_26　前进国营抽水站

以继夜地轮流合作擢水灌溉。这一时期的提水方式意味着离水源近者受益大，水资源分配在空间上存在天然的不均衡。20世纪50年代人民公社初期，洱海沿岸村社建成了19座以汽车引擎、煤气机、柴油机为动力的抽水站。随着电力工业的发展，农村电网逐步形成，电力提水开始逐步替代机械提水。至20世纪70年代末，大理境内有电力抽水站50个、装机284台、装机容量18 465.5千瓦，有效灌溉面积90 835亩。[1]抽水站受限于电力供应量与电机功率，只能将水源在小范围内输送，按照50个抽水站灌溉将近10万亩计算，每个水电站的平均灌溉面积不足2000亩。由于扬程不够，抽水站及渡槽的高度均较低，例如大理湾桥镇向阳溪村抽水站及入海部分渡槽的标高较低，竟然采用了石砌半圆拱桥的形式（**图4_27**），与通常高耸的渡槽反差强烈。这类设施因地制宜，至少保证了在一个村域范围内，农田能相对均衡地享用水源。

20世纪70年代中，在“三线建设”的背景下，中国水利水电第十四工程局的一批工程技术人员迁至大理，帮助当地建设了西洱河水电站等大型水电工程，从此大理境内电力网不断延伸，环洱海地区电力网逐渐形成，这也为电力排灌的大规模应用提供了条件。这一时期，环湖坝区已建成电力提水泵站44座，总装机容量4543千瓦，灌溉面积6.91万亩……[2]大量抽水站的建成进一步推动了引水工程的建设，洱海边陆续建成了一定数量的渡槽，它们自湖岸始，跨过村落与农田沿岸线分布，现存的就有9座，几乎是并排自西向东延伸（**图4_24**）。1983年后大理的乡村灌溉事业依然沿着惯性有一定的进展，在灌溉技术上尤有进步。20世纪80年代，当地开始建设多个万亩级抽水站，装机功率和装机数量的增加意味着提水扬程和流量的提高，因此一座座高高架起的钢筋混凝土渡槽也应运而生。以七里桥乡大庄村抽水站及渡槽为例，抽水

1 大理市史志编纂委员会.大理市志[M].北京：中华书局，1998：80.
2 大理白族自治州水利电力局.大理白族自治州水利志[M].昆明：云南民族出版社，1995：188-189.

站为两层以上建筑，渡槽为U形钢筋混凝土排架结构，高度和长度都大大增加。万亩级抽水站的大量出现使渡槽灌溉范围迅速扩大，使得整个乡域内的更多村庄都能获得相对均等的灌溉机会。

在抽水站及渡槽形式的演进过程中，电力网的铺展与电动抽水机的功率提升起到了决定性作用。洱海边的村民长久以来眼望无尽的淡水却不能尽情利用，当设备改进成为可能后，最重要的便是立即装配足够多的电力抽水机，将洱海水抽至尽可能高的高度，依靠势能和渡槽的输送，将水分配至需要灌溉的区域。抽水站的装机功率、扬程、流量以及灌溉面积之间有着显而易见的相关性：只要获得充足的电能，就能灌溉足够远的村庄和足够广阔的农田。而且拥有了充沛的电能后，其余设施的修建在当时已经不是什么难题。根据记载，20世纪80年代中期，大理当地已经拥有了初具规模的预制水泥制品生产能力，例如大关邑水泥制品厂、凤仪水泥制品厂等。此外，预制U形混凝土渡槽以及预制排架也在全国范围内推广使用。经历了铺垫与积累，铺开的电力网、基本成熟的渡槽建造技术以及初具规模的预制水泥制品工业，三项成就同时达成，一座座渡槽拔地而起。若不是当地并非处处缺水，高高架起的渡槽几乎可以将水输送到大理平原的任何一处地方（**图4_28**）。

高功率电力抽水站及高架渡槽的出现，使得一定区域内距离水源远近不同的村落都可以获得相对均等的灌溉机会。例如城南国营抽水站，分四级提取洱海水，净扬程49.83m，装机10台，装机总容量985千瓦，一级提水总流量1.85m³/s，有效灌溉面积10 233亩。又如前进国营抽水站，分五级提取洱海水，净扬程84.95m，装机23台，装机总容量1625千瓦，一级提水总流量1.75m³/s，有效灌溉面积为11 069亩。[1]对比两者可以看到，尽管两处抽水站所负责灌溉的村庄距离抽水站的远

1 大理市史志编纂委员会. 大理市志: 85.

图4_27 大理湾桥镇
向阳溪村抽水站及渡槽

图4_28　日常生活中的渡槽

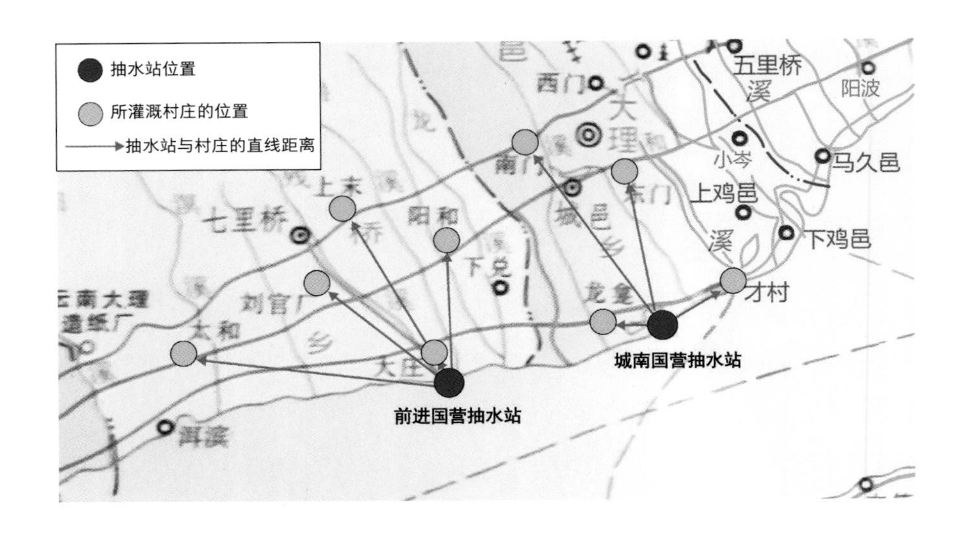

近有一定差异，但两处抽水站通过不同的电机总功率配置，使两个区域的灌溉面积几乎相等（**图4_29**）。国家力量以其包括电网、抽水站、渡槽在内整个系统工程上的差异化设置，抹平了各村落获得灌溉水源的先天机会差异，实现了水资源分配的“空间正义”。

倾听时光，纪念永驻。洱滨村抽水站坐落在大理市下关镇一片柳树林附近，简陋失修但仍浸透着现代感。在带有民族装饰的抽水站正壁上，老树投下了阴影，衬托着门口一枚形状犹如国徽的“红太阳”水泥雕刻。白族部分村落奉太阳神为本主，太阳神驱散乌云，而北京天安门可以说是中华各民族心目中红太阳升起的地方（**图4_30**）。

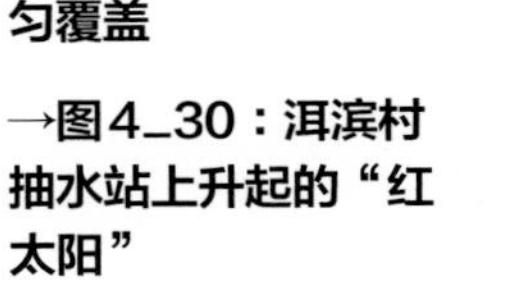

↗图4_29：洱海边抽水站在空间上的均匀覆盖

→图4_30：洱滨村抽水站上升起的“红太阳”

4.4

独木不林的乡村渡槽

登堂入室：湖北省当阳市玉泉寺渡槽

玉泉寺渡槽位于湖北省当阳市玉泉寺附近（**图4_31**），玉泉寺大雄宝殿是我国南方规模最大的明代建筑。玉泉寺内的铁塔又名当阳铁塔，建于北宋1061年，是现存最高、最重、最完整的铁塔，凭借精湛的铸造工艺，于1982年被评定为第二批“全国重点文物保护单位”之一，堪称“国宝”。当阳市东风渠灌区三大干渠由宜昌地区于1966年统一规划兴建，1972年三条干渠全线通水，主干渠全长超过150km，沟通了鄢家河、官庄水库和白河水库，灌溉宜昌、当阳和枝江三地的150万亩农田。灌区是蓄、引、提结合的“长藤结瓜”体系，总干渠上有渡槽15座，共长5.93km，设计流量15m³/s。玉泉寺渡槽1972年5月建成通水，属于当阳市东风渠灌区的一座重要水利设施，在一片高耸的水杉林旁边，溪流之上竖起高架水渠，距离“国宝”玉泉寺铁塔不足百米。

玉泉寺渡槽设计者瞿鹤翔先生1959年毕业于武汉水利电力学院，1964年进入当阳县水利局工作。1970年，三十而立的小瞿负责了东风二、三干渠的水工构筑物设计，他谦称自己是“为当阳水利建设贡献微

图4_31 当阳市玉泉寺与玉泉寺渡槽的位置关系

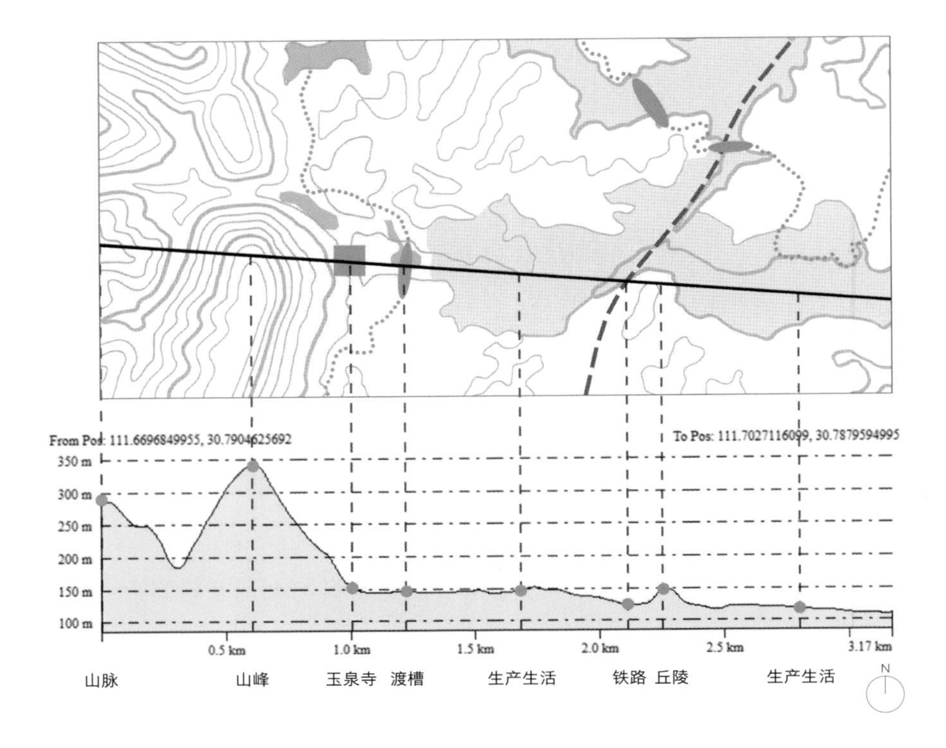

薄力量的一名小卒”。瞿先生勤于笔耕，留下了玉泉寺渡槽设计的珍贵实录。设计之初拟定了三个结构选型，小跨度简支排架、双悬臂结构、大跨度肋形拱，但最终另辟蹊径采用了民族形式的双曲拱高重力墩方案（**图4_32**）。此方案对未来“国宝”建设控制范围内的构筑物有一些前瞻性的思考，渡槽结构形式强调高耸敦厚，形态上与水平延展的古刹形成了对比。渡槽高度与玉泉寺铁塔齐平，渡槽桥头特意设计了传统造型的亭子，瞿先生清晰地记得测绘结果：“亭子左边第一根栏杆顶部正好与塔顶齐平而没有超出。”[1]设计既有力争上游的寓意，又不与古建筑过分冲突，

1　瞿鹤翔. 对当阳水利建设史料的修正与补遗[Z]//湖北省当阳市政协文史资料委员会. 当阳文史第10辑——当阳古今（下册），2011.

在附属建筑的风格、渡槽结构选型、渡槽栏杆细部和高度控制上均试图有所突破，以体现所在环境的历史感和传统美学的底蕴。遗憾的是，由于工地距离汉代遗址过近，施工在下挖重力墩台至9m深时触碰到了文物层，意外发现了汉砖和陶砌的拱形下水道。鉴于施工周期紧张，没有进一步发掘就穿越文物层继续施工，最终导致千年前的古遗址被毁，令人唏嘘不已。

玉泉寺渡槽200m长的槽顶可以行人，提供了平视玉泉寺的绝佳视野（**图4_33**）。渡槽建设之初就有为玉泉寺景区增光添彩的强烈意愿，槽墩基础由花岗岩砌筑，槽身为钢筋混凝土预制。根据翟先生的回忆，昂贵的材料加之粗犷的高墩钢筋混凝土结构，使其造价高达30万元，比通常的渡槽多出1/3 ~ 1/2。

↓图4_32　民族形式的高墩渡槽

↘图4_33　从玉泉寺平视玉泉寺渡槽

图4_34　伫立于中原大地上的渡槽

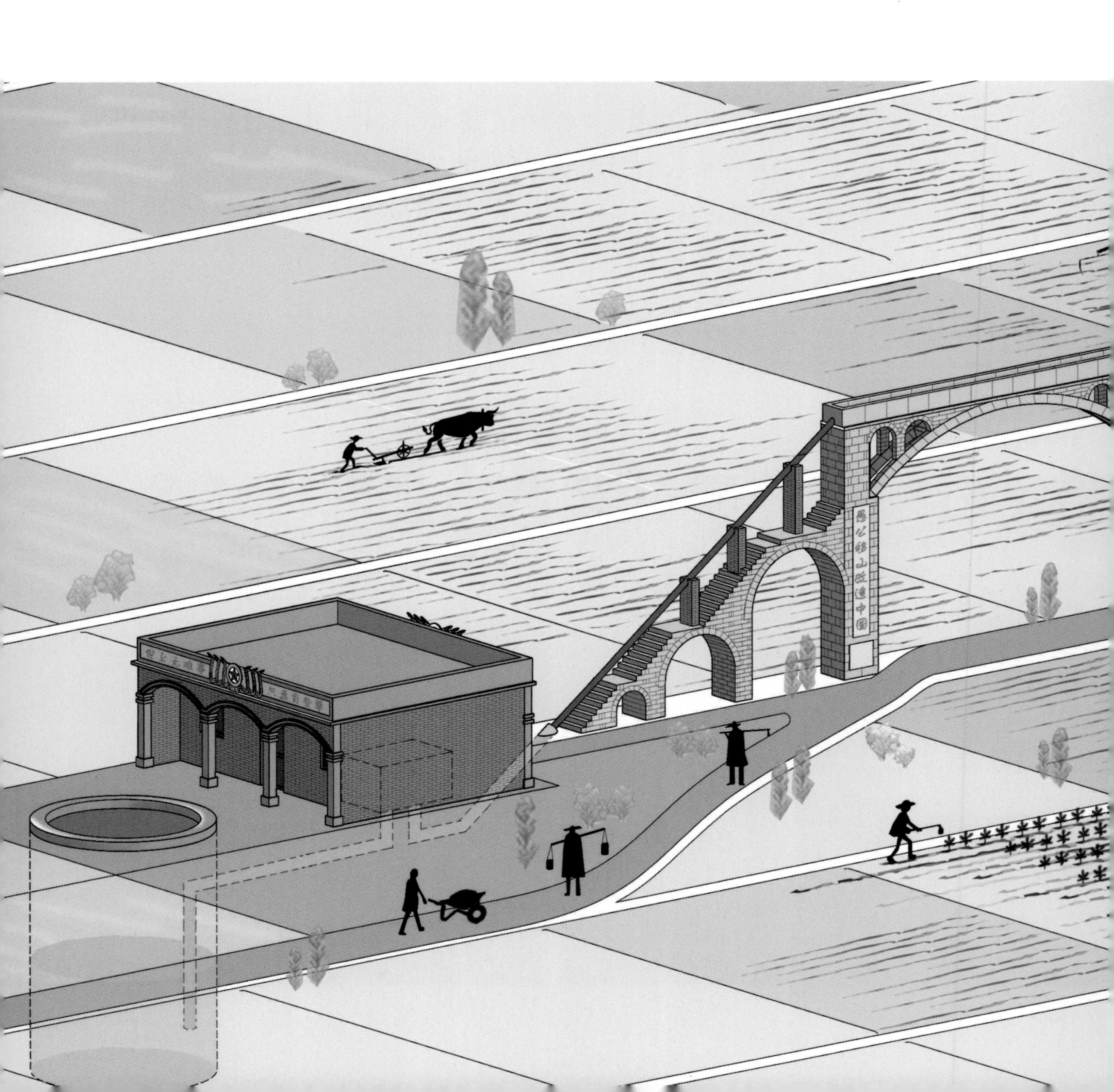

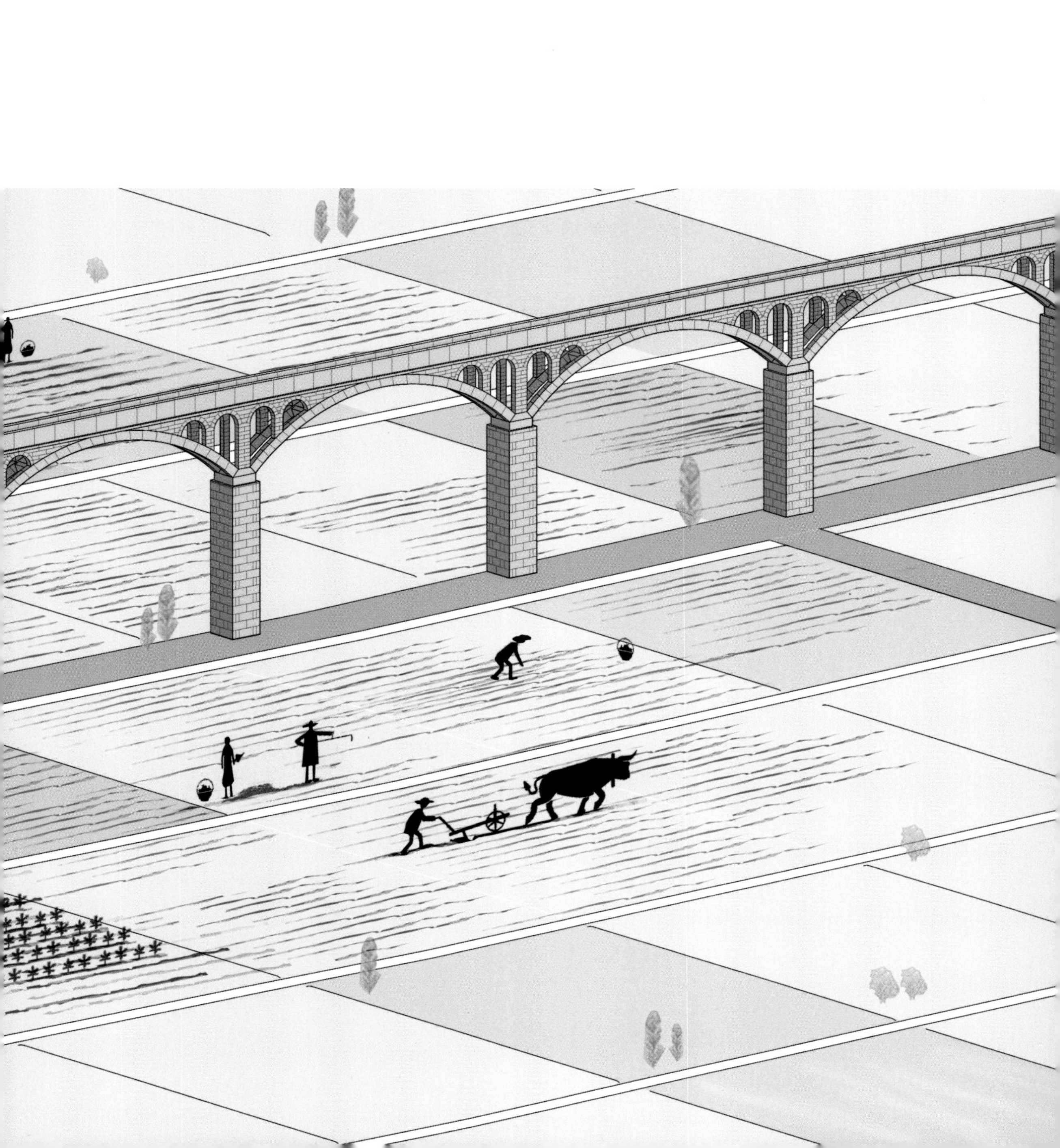

畅想现代化：河南省渑池县洪阳镇刘村扬水站渡槽

河南省三门峡市渑池县是一块位于豫陕通道的宝地，陇海铁路穿境而过，火车偶尔发出隆隆长鸣。洪阳镇境内有与仰韶文化同期的古遗址，阡陌纵横之间淌过千年沧桑。刘村扬水站渡槽建于1970年，位于洪阳镇刘村西侧一望无际的麦地中，麦穗在深秋的余晖中散发着金色的光泽，深棕色石渡槽与环境融为一体（**图4_34**）。

扬水站渡槽是一种较为特殊的渡槽类型，通常配合机井和水泵房使用，常见于地下水位较低的平原地区，利用扬水站或提灌站取水（**图4_35**）。刘村扬水站渡槽水源来自东洪阳河，属于小型的输水渠，后因水源干涸、渡槽局部坍塌而被废弃（**图4_36**）。

举目四望，南北走向的石砌肋拱形态高耸、结构轻巧，460m的残段随着地形高度变化，最高处达10m，最低处略高于行人的头顶，充分展现了营造中的因地制宜。它利用机井和水泵房提水，水流通过渡槽南侧边跨随坡段提升，最终完成提灌。硕大的机井井圈直径约4m，井壁由石块修砌，水泵房为三开间平顶红砖建筑，地下一层直接与机井相通，地面一层放置设备，建筑带前后柱廊，虽无需装饰，仍被刻画得别具匠心：立面顶部饰有五角星、谷穗和垂绥纹样，两侧各设三面大红旗（**图4_37**），墙壁两侧是石楹联“世上无难事，只要肯登攀”；柱身上嵌有“水利是农业的命脉”“愚公移山改造中国”等标语。令人称奇的还有隐匿在杂草中的渡槽柱墩，上面的浅浮雕题材是拖拉机和输电高塔，象征机械化、现代化其势滔滔不可抑制（**图4_38**）。

刘村扬水站渡槽展现了娴熟的装饰技艺。乡村渡槽的艺术装饰未必皆是地方工匠塑造，建筑的垂绥纹样和标语字体似乎有统一的模板。考

图4_35　渑池县
刘村扬水站渡槽

↑图4_36　刘村扬水站与前方草丛中的提灌井

→图4_37　扬水站顶部的装饰图案

虑到当时各大美术院校在工艺美术方面受到了苏联社会主义现实主义艺术训练的影响，可以推测，专业美术人员也许参与了装饰设计。这么小的一座渡槽融于农耕风景，呈现出艺术创作与改造自然之间的天地贯通。

引黄入邙：河南省邙山渡槽、索须河渡槽

邙山，是毛泽东1952年视察黄河的地方，1970年的邙山提灌站工程是郑州全城总动员的民生工程。提灌站位于郑州市区西北黄河游览区内，利用沟壑洼地兴建沉沙池，把黄河水澄清后，供应生产和城市生活用水，同时还能淤地造田。黄河之水引上邙山山头，再沿着20km的渠道输送到郑州，60%提水量送往城市、40%灌溉农田，因此它属于功能综合的大型灌区。参与施工的主要有郊区农民、解放军和厂矿职工，按照标段挂牌施工，最多的时候有7万人奔赴工地，1972年10月顺利通水。

图4_38 渡槽柱身上的“现代化”

图4_39　黄河之畔的邙山提灌站与邙山渡槽区位图

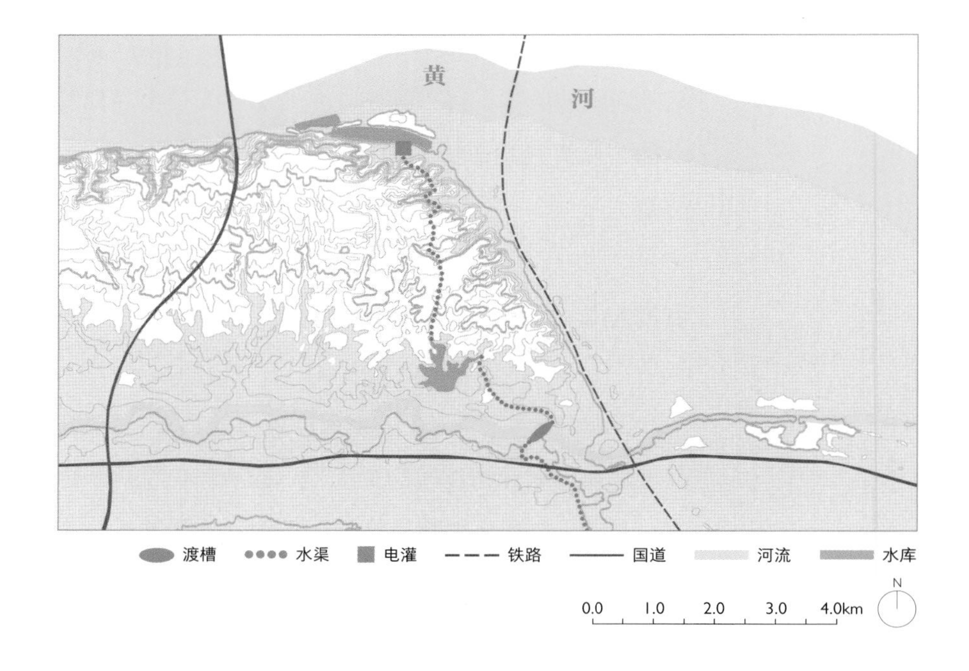

邙山提灌站共有三座一级渡槽，其中之一的邙山渡槽（**图4_39**）位于郑州市惠济区西山路与民生路交叉处，构筑物跨越了枯河，全长约310m，在1971年施工时采用了当时先进的U形薄壳钢丝网水泥槽身，输水能力10m³/s（**图4_40**）。渡槽两端配置管理用房，部分槽段上覆盖板，可供步行者通过，也为行人提供了眺望四周传统园林的场所。目前渠系输水效果良好，令古城郑州时光留驻（**图4_41**）。

另一座索须河渡槽位于郑州市惠济区师家河村西南侧，属于引黄入邙提水工程的枢纽（**图4_42**）。渡槽跨越索须河，全长约330m、高约20m，同样采用了U形薄壳钢丝网水泥槽身，输水能力8m³/s。[1]渡槽通体被刷为乳白色，凌驾在硕果累累的葡萄园之上，草木不言却能令人

1　郑州邙山提灌站. 郑州邙山提灌站（画册）[Z], 1974.

邙山渡槽地形三维图

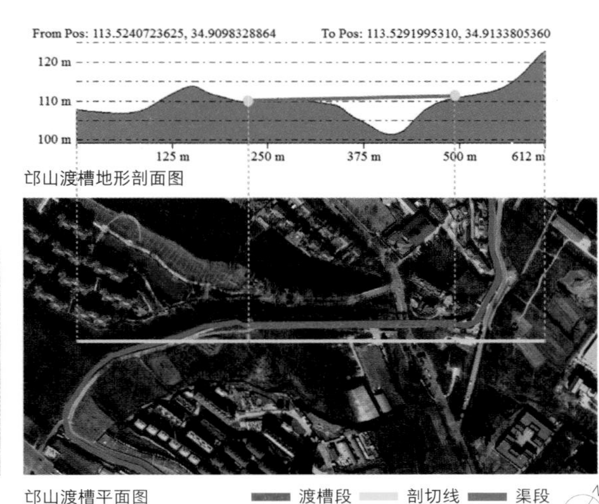

邙山渡槽地形剖面图

邙山渡槽平面图

图4_40 邙山渡槽所在的地形

联想到水利和农业的休戚相关（**图4_43**）。索须河是郑州的泄洪排涝河道，也是生态景观廊道，如今管理用房、分水闸、泄水闸和干渠保存完整，屋前为纪念渠系竣工而栽种的松柏苍翠欲滴（**图4_44**）。水流在北端泄洪闸渠道内溅起浪花，顺着陡坡畅快而下，发出令人心旷神怡的声响，最终汇入索须河，构成了一幅黄河之畔的水利蓝图。游客填补了当初渡槽建设者的位置，历史好像进入了一个新的螺旋。两处水利工程地处郑州市近郊，它们的旅游开发潜力是毋庸置疑的。

→**图4_41　邙山提灌站和索须河渡槽廊道**

↘**图4_42　索须河渡槽区位图**

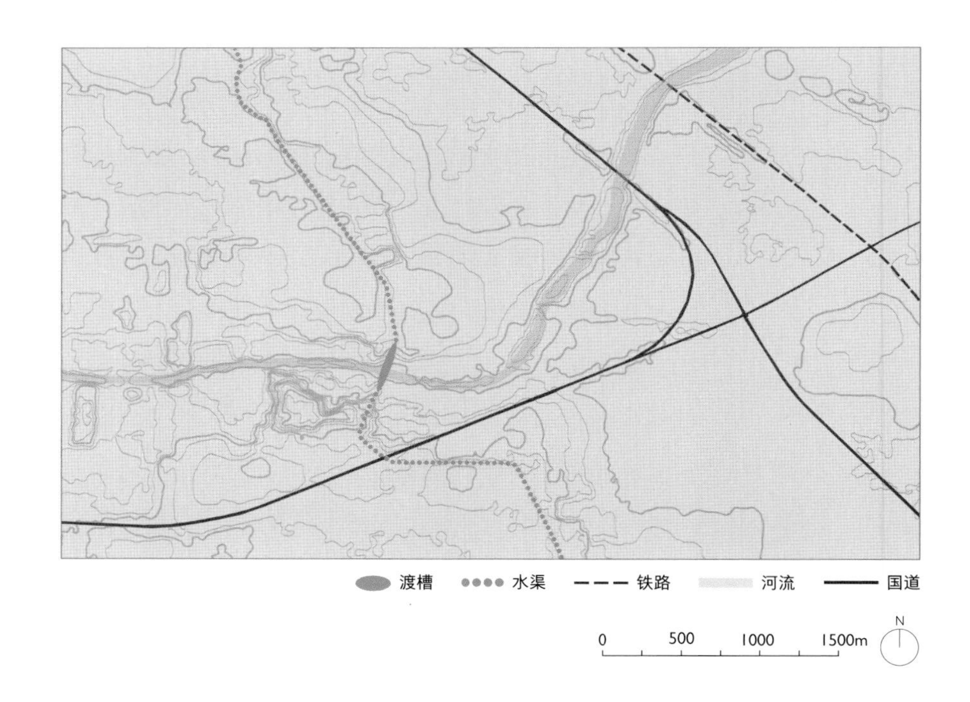

→图4_43　索须河泄洪道

↓图4_44　索须河渡槽管理用房

刀切豆腐两面光：河南省淮滨县张庄乡九里渡槽

河南省信阳市淮滨县张庄乡西北有座名叫“猪拱城”的高大土丘。传说当地原来叫凹河沟，一头野猪将北通淮河、南达野湖的大凹沟给拱平了，使低洼地区的村民免受水灾之苦。威力无边的神猪被赋予了神秘的色彩，该地因此被唤为“猪拱城”。传说暗含着可以影响未来的结构隐喻，当地人在人民公社时期采用人海战术，将方圆填土加高，再在梯形土堆上挖出渠道通向淮河，引水灌溉以保粮食丰收，如今豫北的农耕生活与建筑风貌未有大变。

猪拱城电灌站建成于1974年，属于淮滨县淮南骨干灌溉工程（**图4_45**）。由于张庄乡位于全县的最高点，所以猪拱城电灌站选址于这一邻近京九铁路与淮河大桥的普通村落。原计划提水流量6m³/s，灌溉张庄、期思、王店三个乡6万亩农田，后屡遭更改，最终因渠系不配套，仅张庄乡受益。九里渡槽位于张庄乡九里村西侧，1976年12月建成（**图4_46**）。渡槽跨越路况颠簸的008县道，长约60m，矩形槽身断面宽2.5m、深1.7m，每隔2m设一横向拉杆，两侧设人行道和栏杆。水渠为倒梯形截面，底宽4.5m，渠道两侧种着淮滨县当地特有的大白杨，沿着渡槽两侧散落着低矮茁壮的桑树林（**图4_47**）。

渡槽槽身由一排小券洞组成，券洞上书“大干社会主义有理，大干社会主义光荣”，正中间顶端为一颗大五角星装饰物。槽身侧壁为一匾额，上面装饰着麦穗、阳光纹样，上书“农业学大寨”，单拱与槽身交接处则留下了“淮滨县张庄公社大渠渡槽”的字样，左书“艰苦奋斗”，右写“自力更生”；边拱肋外侧装饰着棉花、花生、向日葵、云朵等纹样，拱券尽端有铭文“1976年7月—12月建”。渡槽背立面上篆“水利是农

→图4_45　淮滨县淮南骨干灌溉工程水利设施区位图

↓图4_46　张庄乡九里渡槽所在的地形

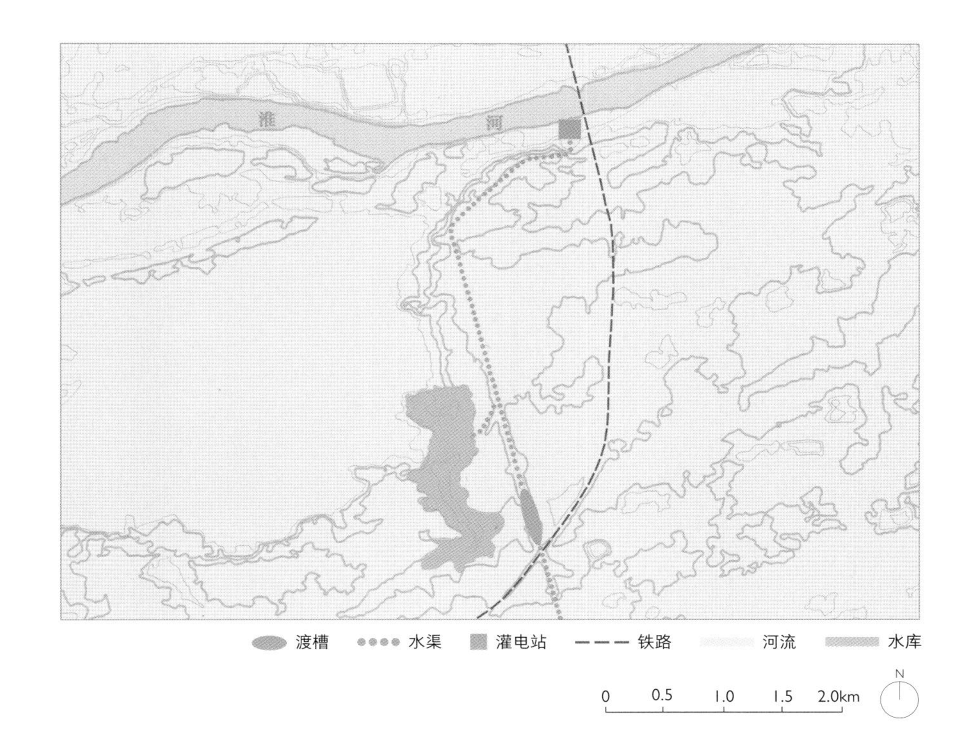

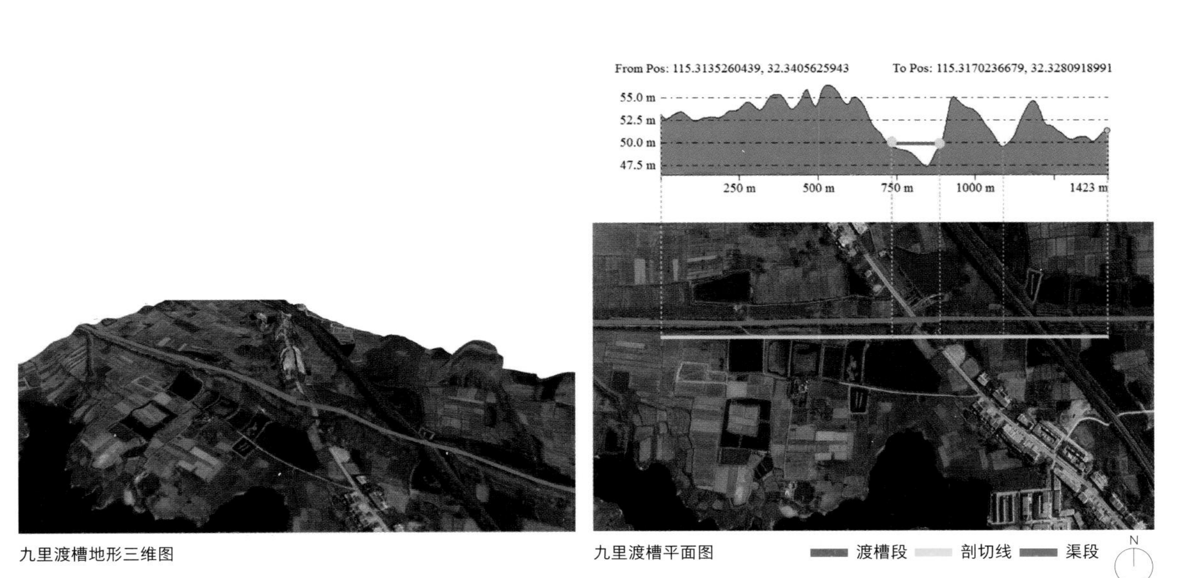

九里渡槽地形三维图

九里渡槽平面图

图4_47　跨越县道的九里渡槽

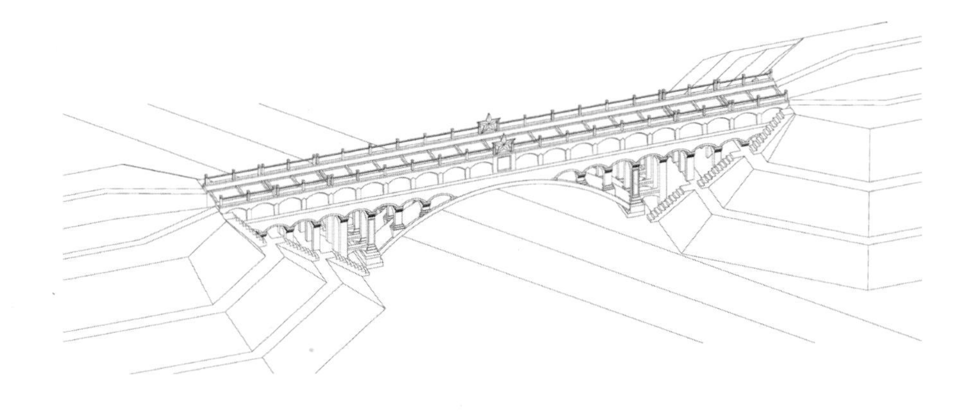

业的命脉，以粮为纲全面发展”“愚公移山”等标语（**图4_48**），它们所承载的文字几乎是一部活脱脱的“农业学大寨”标语语录，文字是装饰，装饰布置中的空间语言也一定是具有仪式感的。跨越县道，渡槽的设计照顾到了两个立面的观赏性（**图4_49**），真可谓“刀切豆腐两面光”。由于建成时间恰在粉碎“四人帮”后3个月，九里渡槽可视为人民公社高潮时期的重要实证。此外，不同于常见的石拱券渡槽，九里渡槽使用了甚为少见的红砖和局部砖拱，红砖作为建筑材料的装饰效果亦颇为突出。

九里村村民熊师傅生于1948年，曾做过张庄乡高庄村生产队队长，参加过九里渡槽的建设施工，据他回忆：“水渠是‘农业学大寨’时候造的，水渠的水源来自淮河。虽说学大寨，但当年河南红旗渠的影响力比大寨大，建设水渠时到处都插满了红旗。天亮鸡叫开始干活，队伍像部队一样出门上工。一个乡万八千人建设水渠和猪拱城电灌站，把水从淮河抽到水渠里。别看这渡槽不怎么长，好像不需要这么多人，但修水渠的时候先在平地堆土，堆成一个梯形土堆，再在顶部向下挖水渠，水

图4_48　九里渡槽槽身的标语

渠是倒梯形的，所以这里的农田都比水渠低。渡槽用的砖来自淮河北侧马集镇的窑厂，施工的是公社的农民和泥瓦匠。起券是先用土堆成拱，再在上面砌砖拱，砖拱成型之后将土堆挖掉。渡槽是淮滨县水利局设计的，设计师是个大学毕业的外地人，他当时经常过来，有一套设计图纸，他有一个姓张的徒弟。当时的公社书记是陈道荣。”[1]熊师傅对张庄乡（公社）的书记记忆犹新，这是老百姓在村庄中能直接碰到的重要人物。修渡槽使用了人海战术，填土挖沟作业面相当长，拱券做法是地方的土办法。附近当时已经有了乡镇自办的砖窑厂，泥瓦匠和基本建设材料可以在人力和物力上配合设计人员的需要。

光阴荏苒，九里渡槽只发挥了很短时间的作用即告停摆。猪拱城电灌站于2001年报废，2009年信阳市水利勘测设计院提供了更新改造的

→图4_49　跨越县道的九里渡槽，照顾到双面景观效果

1　2018年5月22日朱晓明、王霞飞采访。

大干社会主义

县张庄公社大渠

方案，改造工程于2011年5月完工，截至2013年9月，改造后的电灌站从淮河累计提水约90 000m³，一度缓解了九里等村的旱情。后由于淮河水位下降，已经低于设计取水口，电灌站无法取水，运营能力极低，自然环境随着时间不可逆转的变化对水利设施的持续使用构成了威胁。如今渡槽结构保存基本完好，但槽身历经雨蚀风剥，部分树丫从缝隙内长出导致红砖脱落，已经构成了危及渡槽安全的病害。

2009年，九里渡槽被列为淮滨县文物保护单位。

与黄河灌区连通：山东省济南市胜天渡槽、东风渡槽

济南号称泉城，但因为地下水开采过多，加之气候变化的长期影响，作为中国第一农业大省的省会是严重缺水的。20世纪60年代末，济南市长清区在归德镇南马村附近修建起红旗引黄电灌站。根据史料记载：引黄灌区总干渠合计4条，1条长1.1km，另外3条干渠全长26.1km，支渠34条，全长46.1km。沿干渠建桥、涵洞、节制闸153座，大型渡槽8座，其中胜天渡槽是输水干渠的组成部分（**图4_50**）。红旗电灌站1968年11月开工，1975年竣工，解决了农田灌溉和1.2万人畜的用水，它的营造基本贯穿了整个“文化大革命”时段（**图4_51**）。

与红旗电灌站相关的胜天渡槽位于长清区归德镇闫楼村北500m处，东西走向，全长420m，宽约3.5m，槽深1.6m，高4 ~ 8m不等，由72孔石拱组成，结构较为笨重保守，土石方量相当大。在渡槽中间位置建有供通行的主桥及桥头堡，桥头堡的顶端矗立着4颗大红五角星，投射出“人定胜天”的时代样貌。如今的胜天渡槽已完成了历史使命，很久乏人问津，在一望无际的初春旷野中略显凋敝（**图4_52**）。胜天渡

→图4_50　黄河灌区的济南市胜天渡槽区位图

↓图4_51　胜天渡槽所在的地形

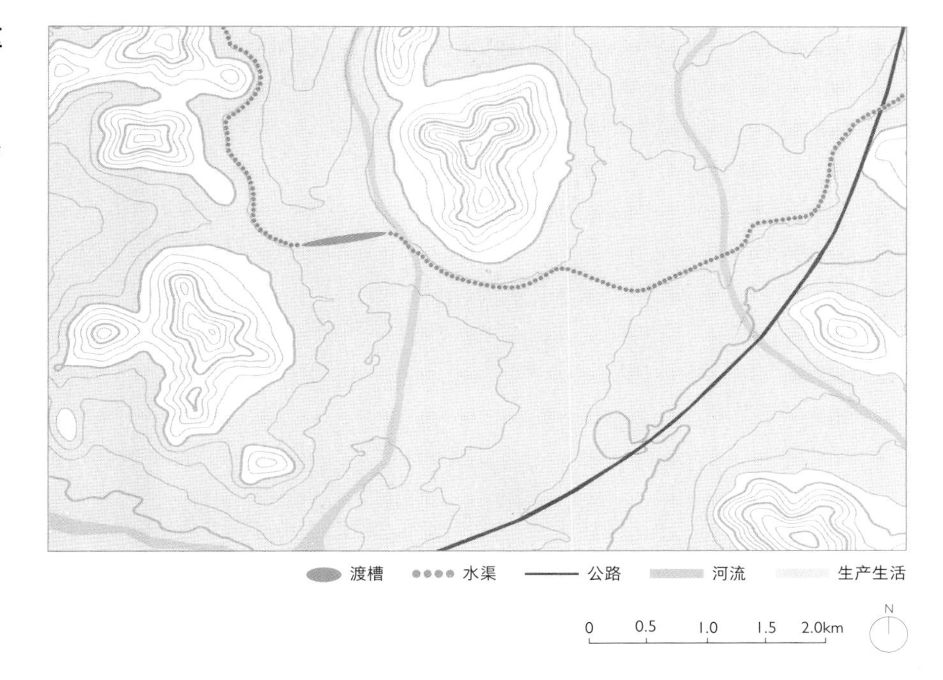

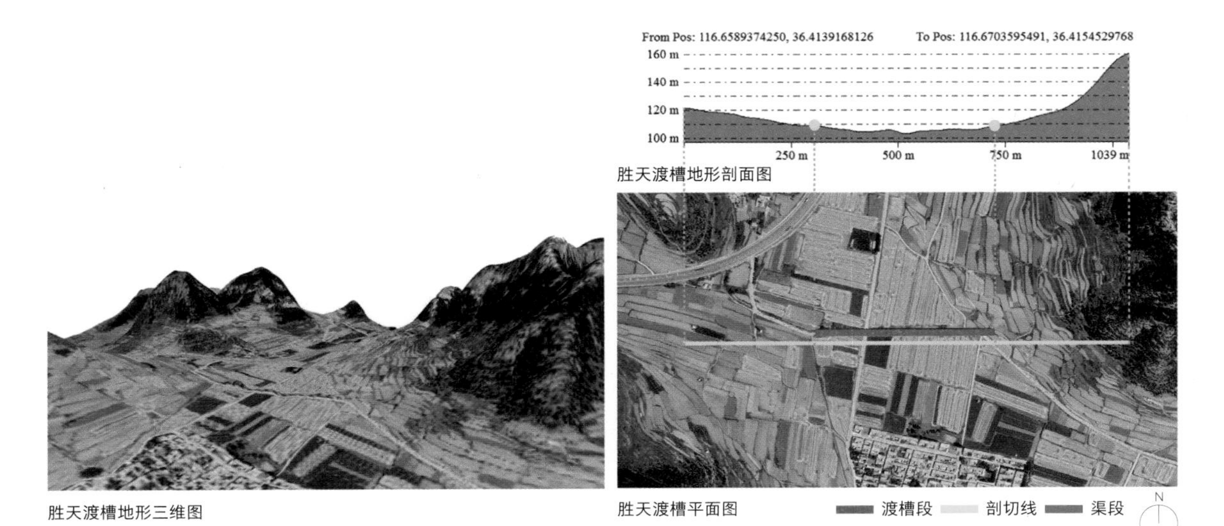

胜天渡槽地形剖面图

胜天渡槽地形三维图

胜天渡槽平面图

图4_52 “人定胜天”

槽所在的闫楼村及坦山片区尽管风貌不算出色，却具有深厚的革命传统，至今仍是济南市重要的爱国主义教育基地。

2013年，胜天渡槽及红旗电灌站被列为济南市第四批文物保护单位。

东风渡槽位于济南市长清区孝里镇三义村（**图4_53**）。调研东风渡槽时，正值初春，220国道和济菏高速公路两侧开满了紫色的泡桐花（**图4_54**），周遭的景色安宁祥和。然而时空转换，地处黄河东岸、坐落在黄米山和黑山之间的东风渡槽背后却有着可歌可泣的故事。陪同调研的乡镇干部小孙40岁出头，他的父亲就是因渡槽塌方逝世的。

东风渡槽由东风电灌站取水自黄河，位于孝里镇大街村南，始建于1970年11月，1981年建成，历时长达10年，设计灌溉面积5万亩，实际灌溉2.5万亩（**图4_55**）。它犹如一座高大雄伟、镇守国道的门户，因地制宜地采用了组合式结构，跨高速段为适应大跨度设计了钢筋混凝土排架结构，跨国道段为石拱渡槽。渡槽主孔高17m、跨度长12m，槽身正中书有“东风渡槽”，主拱之上两侧各有三个小拱（**图4_56**），合计46孔，长约360m，体量具有难以言说的力度。作为既为农田灌溉供水又为工业生产和居民生活供水的渡槽，它的流量和规模都比单一功能的渡槽大得多。遗憾的是，巨大的构筑物现已废弃，仅有局部作为输水管道的支架使用。

2013年，东风渡槽被列为济南市第四批文物保护单位。

→图4_54　泡桐花开

快
餐

→图4_53　济南市东风渡槽区位图

↓图4_55　东风渡槽所在的地形

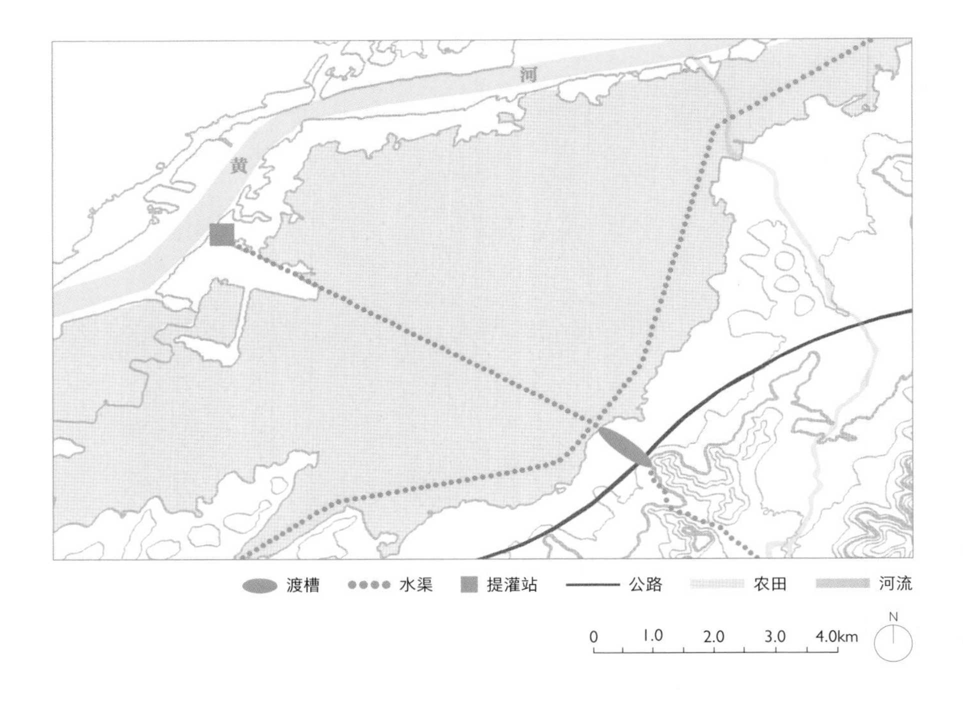

From Pos: 116.5768460091, 36.3682381130　　To Pos: 116.5888147838, 36.3608033918

80 m
60 m
40 m
250 m　500 m　750 m　1000 m　1355 m

东风渡槽地形剖面图

东风渡槽地形三维图

东风渡槽平面图　渡槽段　提灌站　剖切线　渠段

图4_56　东风渡槽犹如门户，主拱券为混凝土肋骨拱结构

毗邻龙山文化遗址：山东省章丘市孙家村扬水站渡槽

人杰地灵的章丘市明清时期皆属济南府，黄河之水从北部穿过，宋代女词人李清照即为章丘人。古城的文物古迹丰厚，龙山文化博物馆由考古学家杨鸿勋先生（1931—2016）于1994年设计，成为了一座令人心心念念的地标。孙家村扬水站渡槽，也称为平陵城扬水站渡槽，它位于章丘市龙山街道孙家村北100m，距离城子崖遗址和龙山文化博物馆步程不远。渡槽竣工于1973年，附近是广袤的耕地，所经区域大部分地势平坦，两侧种植着小麦、玉米和黄豆，微雨中田埂边的麦茬透出劳作后的优美（**图4_57**）。

渡槽引水自杜张水库，它地处东西巨野河汇流处，杜张水库之前是小型水库，因水源充足于1959年改建成中型水库[1]，后经数次重修、改造和加固，现总库容1148万立方米，主要用于灌溉和防洪。水流走向为西北至东南，经孙家村北，横跨广阔农田向东延伸至龙湖路，接近平陵城遗址西城墙。渡槽大部分由青石块砌成空腹式拱形结构，局部为预制钢筋混凝土构件。总长约1800m，宽约1.7m，石拱跨度3 ~ 12m不等，肋拱的跨距约14.7m，过水断面净宽约1m（**图4_58**）。渡槽被公路隔断为东西两部分，现已废弃不用，保存基本完好。它如今并不落寞，一片白杨林枝丫密密匝匝，不远处散落着孙家村的民居，偶闻犬吠，老百姓一直和这座巨构日常相伴。

1 杨积清. 章邱县志[M]. 济南：济南出版社，1992：132.

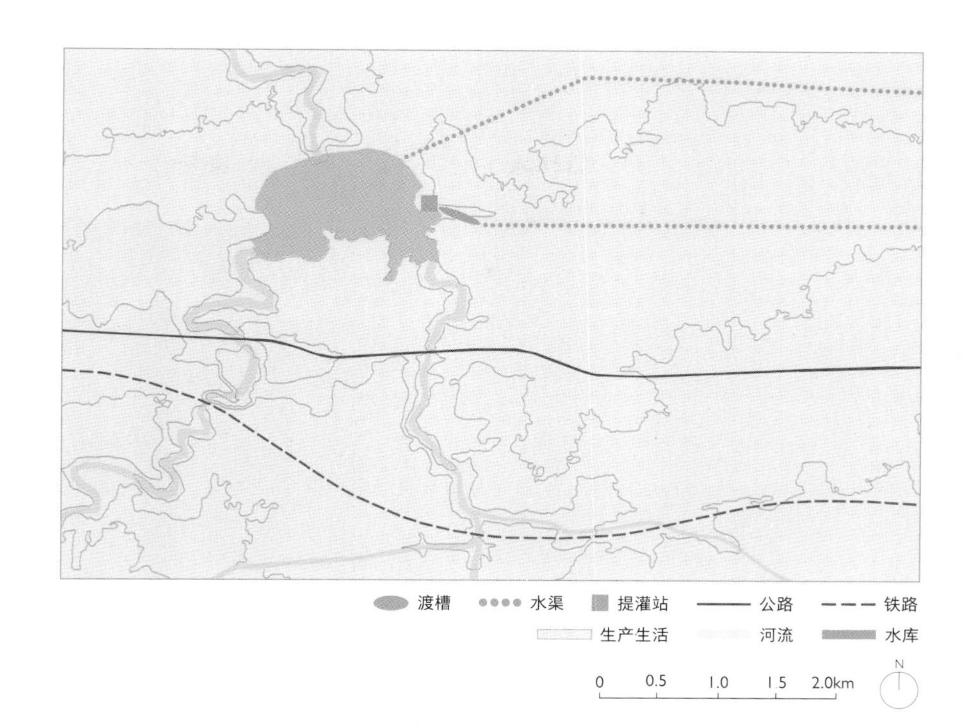

→图4_57　章丘市孙家村扬水站区位图

↓图4_58　孙家村扬水站渡槽的空腹肋拱结构

古墓石料的转移：山东省章丘市于家村提水站渡槽

于家村提水站渡槽位于章丘市普集街道于家村北侧500m的耕地中。于家村是一座典型的北方方格网状聚落，合院民宅大多是青石勒脚的红砖瓦房，保留了20世纪70—80年代的建筑风貌。足以想见在大兴农田水利设施的年代，“田成方，屋成行”，乡村麦浪滚滚预示丰收的景象，村民的生活充实富裕滋润。于家村渡槽的特别之处是能够看到渡槽的端头，渡槽西端有储水的金属圆罐（**图4_59**）。渠道全长不足百米，为全石拱券结构，呈东西走向，槽身宽约1.5m，石拱为方便村民制模施工而采用了半圆拱，拱高2.7m，过水面净宽0.6m。渡槽四周注重栽培防风林，大片的麦田、笔直的石拱渡槽和屹立的防风林层次高低起伏，公社园林化的景观根植于大地（**图4_60**）。防风林旁边有一块开敞的空地，建有一座普通的砖木小屋作为放置提水设备的泵房，室内挖有地下一层通向深井，深井直径达4m。它另外一个显著的特点是井口、井壁和渡槽拱券大多利用了墓地的石材，石料的转移意味着观念发生了变化：在人民公社时期，保障农业生产是重中之重，为此采取了保证水利工程用料的一切手段（**图4_61**）。比起古朴的渡槽，还有一小段过水面不足0.5m宽的水渠使人深思。它属于配合渡槽使用的、向耕地引流的支路，是因陋就简地在土坡上开挖出的输水小道，因土渠没有防渗设施，当年灌溉之时想必浪费颇为严重。

2013年，章丘市孙家村渡槽、普集街道于家村扬水站渡槽被列为济南市第四批文物保护单位。

↖图4_59　于家村提水站渡槽的蓄水罐及提水井、泵房

←图4_60　防风林与于家村提水站渡槽

图4_61 墓地石料构建的井壁

天水飞渡：浙江省天台县红旗渡槽

红旗渡槽位于浙江省天台县白鹤镇溪东村，村落四周栽种着火红的柿子树和一片青绿色的竹林。在烈日炎炎下造访老村，渡槽上“天水飞渡”四个红色大字正对着村落的中心广场，三伏天炮仗声起，生死轮回的乡俗画卷宛如昨天（**图4_62**）。

红旗渡槽引水自里石门水库，里石门水库是以灌溉、防洪为主，结合发电、养鱼、供水等综合功能的大型水库（**图4_63**）。设计灌溉面积16.64万亩，灌区始建于1973年1月，1984年4月主干渠通水。北干渠于1983年8月全线通水，灌区农田平均每亩增产125公斤。红旗渡槽横跨三茅溪、104国道和上三高速公路，为里石门水库北干渠的重要纽带工程，是一座巍峨雄伟的综合功能大型渡槽。渡槽1977年9月开工，1980年竣工，为多跨变截面悬链线浆砌石拱结构，全长797.5m，最大高度28m，槽身宽5m、高3m。有11个主拱和79个小拱：大拱每跨56.5m，矢高17.32m；小拱每跨4m，最高16.7m（**图4_64**）[1]。进水口宽达11.5m，

1 《天台县水利电力志》编撰委员会. 天台县水利电力志[M]. 北京：当代中国出版社，1997: 221.

↑图4_62　天台县红旗渡槽穿越京岚线G104国道，与村落相伴

↓图4_63　红旗渡槽所在的地形

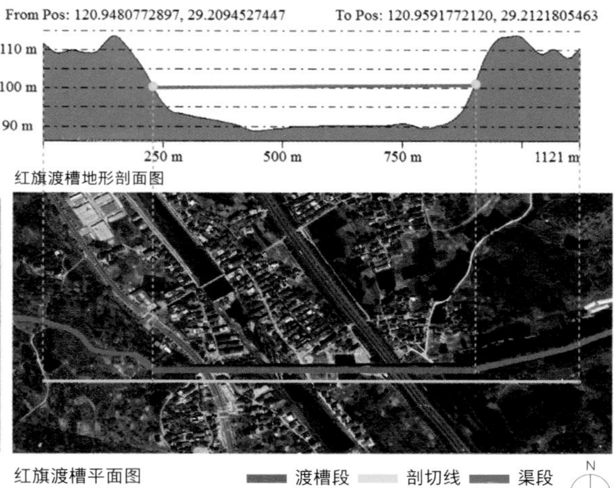

红旗渡槽地形剖面图

红旗渡槽平面图

红旗渡槽地形三维图

南段水渠段宽4.3m，北段水渠宽8.5m，梯形过水断面，最大过水量10.5m³/s；水槽两侧各有宽1m的人行道，外侧设扶栏，目前禁止通行。渡槽西端有管理用房，设节制闸和退水闸各一座，装有自动化启闭设备，具有排涝防汛和发电的功能。渡槽进出口南侧各建2m宽浆砌条块石踏步至槽顶，可以检查运行的状况，拾级而上，新旧民居交融的白鹤镇溪东村尽收眼底。

红旗渡槽修建时，白鹤镇还叫红旗区，渡槽因此命名为“红旗渡槽”，槽身跨中两侧镶嵌着“天水飞渡”四个大字，乃县委组织部模仿郭沫若字体撰写。北干渠是浙江省渡槽数量最多的干渠，共有46座渡槽，红旗渡槽作为北干渠的重要纽带工程，所处地质条件复杂，发电和灌溉等工农复合功能效益高，至今仍然发挥着不可磨灭的作用，它已被载入《中国大百科全书·水利卷》。

2011年，天台县红旗渡槽被列为浙江省第六批文物保护单位。

图4_64 融于乡村的悬链式拱券结构

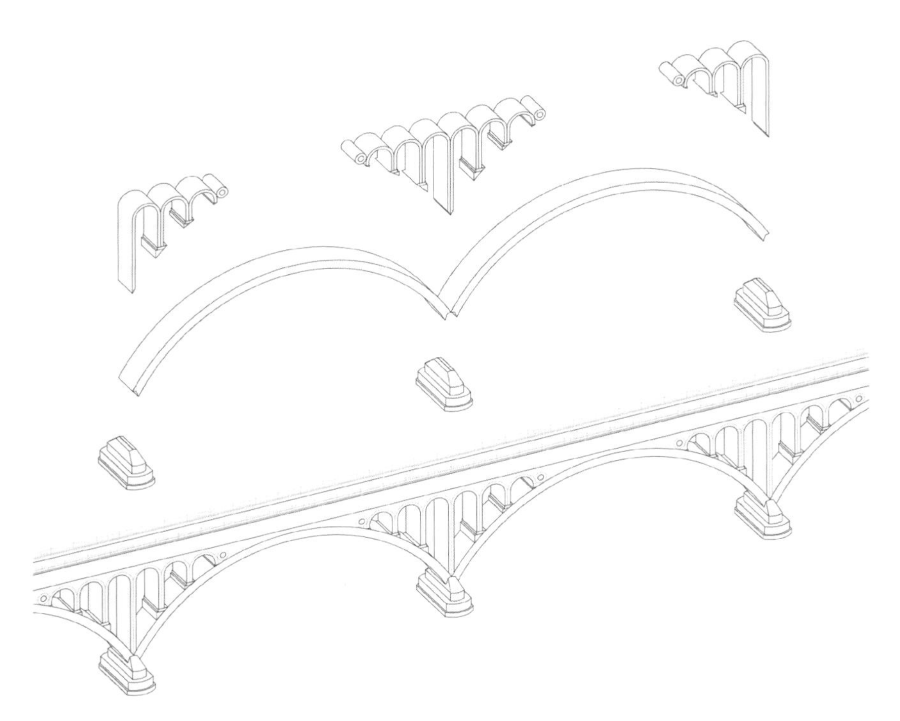

丰碑：山西省昔阳县大寨团结沟渡槽

昔阳县大寨是历史标杆，这里的团结沟渡槽不仅是重要的民生工程，今天依然在发挥着输水效力，还是一座巍巍丰碑（**图4_65**）。

团结沟渡槽位于山西省昔阳县大寨村东南方1km处，1974年7月建成。渡槽与杨家坡水库干渠连接，将40km外的水库水引向虎头山，因有解放军参与建设，故取名团结沟渡槽。它全长120m，最高处达33m，石砌拱券结构，共11跨，槽身宽1.6m（**图4_66**）。水渠上设钢筋混凝土盖板，渡槽可供人行走（**图4_67**），旁边设有泄洪沟。如今渡槽周边经过景观设计，一侧可以眺望到人民公社时期的水坝，另一侧是供公共集会的广场，静静的渡槽在每一处风景中都变得更加引人瞩目。

大寨的发展在“文化大革命”后跌入谷底，它的奋起转型之路起步不晚，1999年团结沟口开始筑坝蓄水，建成集蓄水、观光为一体的景点。渡槽上“自力更生，艰苦奋斗，重新安排山河”的大字以山水言志，摆脱贫穷饥饿、追求幸福生活的历史画卷不会褪色。然而，当时社会环境中个人所承载的时代磨难也被姹紫嫣红掩饰了，那段岁月值得反思的教育意义尚未在景观建设中呈现。

2019年，大寨人民公社旧址被评定为第八批全国重点文物保护单位。

图4_65　团结沟渡槽及其桥头堡

團結沟渡槽

图4_66　左：团结沟渡槽结构；对页右上：风景中的团结沟渡槽

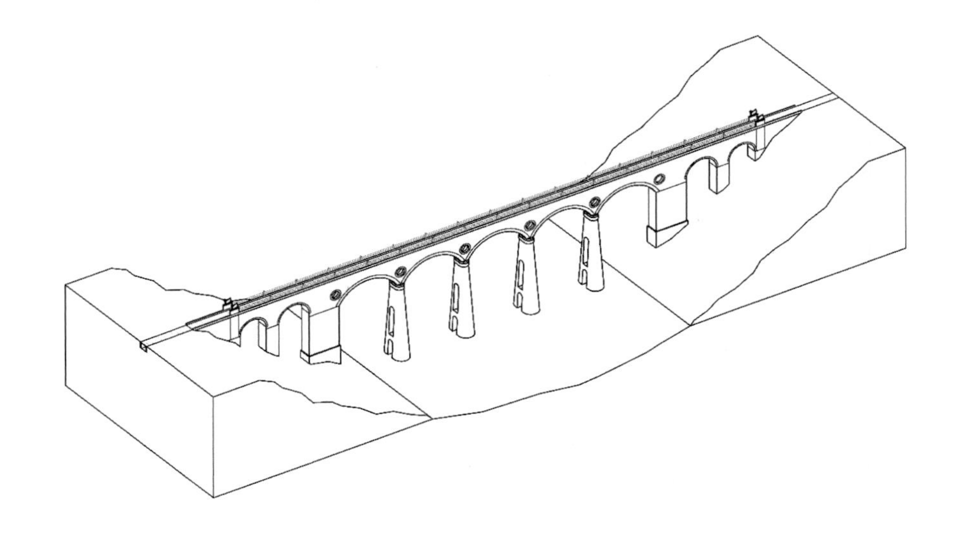

塞上粮仓的水渠：内蒙古呼和浩特西什拉渡槽

西什拉渡槽位于呼和浩特市近郊沙尔沁镇的西什拉乌素村，“沙尔沁”在蒙古语中意思是“挤奶的人”，原为沙尔沁乡，在1964年人民公社时期即划归土默特左旗乡管辖。从呼和浩特市区驶向209国道，只需要20多分钟就能抵达这片都市近郊。这里水肥草青、奶牛壮实，加上距离昭君青冢不远，堪称一块钟灵毓秀之地。沙尔沁的西什拉乌素村是一座移民新村，如今，来自河南、山西的移民在此安家落户，建筑风貌与中原地带差异不明显。棋盘状的村庄里种着几株大白杨，只有走到村外一望无际的草场，才能感受到牧区的味道。西什拉渡槽距离这座新村不远，属于乾通灌区（**图4_68**）。

→图4_67　团结沟渡槽旁的排洪沟

图4_68 呼和浩特近郊乾通灌区区位图

呼和浩特境内有三条季节性的河流：大黑河、小黑河、什拉乌素河。大黑河贯穿全境，由于季节性河流随季候多变，若上游出现大暴雨便会引发山洪，既有可能导致中下游河道变更，又极易冲毁堤坝造成天灾，殃及牧区、耕地和村落的生存安全，因此水利建设是重中之重。大黑河两岸有10余座引水工程，包括西什拉渡槽所在的乾通灌区。

呼和浩特的水利建设自民国起就受到了极大的关注，傅作义在绥远地区主政期间被国内外誉为“治水将军”。1945年抗日战争胜利后，他引入国际援助“善后救济总署”的面粉、水泥等物资，成立了水利局，广招水利工程人才，修建了乾通渠等渠道，因为资金匮乏和战乱不止，工程中途停辍，但为绥远地区留下了宝贵的水利技术人才，这些技术力量在中华人民共和国持续发挥着关键作用。1950年1月，中华人民共和国刚成立不久即整修扩建了乾通渠，时间早于人民公社制度成立。不计总渠和干渠，乾通渠仅支渠长度就达到了500km[1]，相当于从上海跨越长江快到徐州（**图4_69**）。工程在大黑河境内第一次用到了钢筋混凝土水工构筑物。[2]1951年9月10日的《绥远日报》报道了工程盛况：“过去做梦也没梦见过这样大的喜事，现在真的来到咱头上啦！咱们要很好的保护渠道，报答毛主席。”由于少数民族地区历史上水争频繁，冲突不断，早在1954年乾通灌区竣工之初，为实现民族团结治水的新局面，就由大黑河水管局主持制定了《土默特旗大小黑河渠道使水试行章程》。[3]章程根据季节性河流的特点，以春水、夏清水等季节时段为划分节点，结合浇灌耕地的亩数分摊用水量，制定了各个受益乡村的用水规定。此章程的特殊性在于其对蒙汉民族关系的战略意义，反映的管理制度与人民在《绥远日报》上表达的心声是高度吻合的。1963年，经内蒙古自治区发展计划委员会批准，重建了乾通灌区西什拉渡槽，沿途增设节制闸，

1　呼和浩特市地方志编修办公室．呼和浩特市志[Z]，1987.
2　呼和浩特郊区水利志编撰委员会．呼和浩特郊区水利志[M]．呼和浩特：内蒙古人民出版社，2002：171.
3　呼和浩特郊区水利志编撰委员会．呼和浩特郊区水利志[Z]：530.

图4_69　呼和浩特近郊西什拉渡槽所在的地形

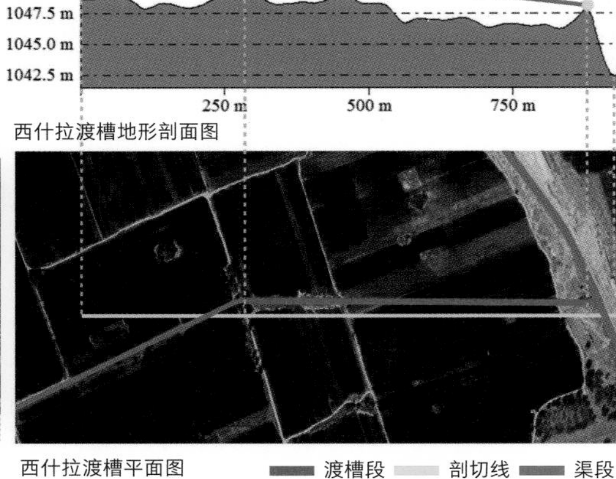

西什拉渡槽地形剖面图

西什拉渡槽平面图

西什拉渡槽地形三维图

1965年竣工。西什拉渡槽直接采用了U形钢筋混凝土衬砌结构，当时这种结构和所需材料都相当稀少，这也表明了西什拉渡槽作为民族凝聚力象征的特殊地位（**图4_70**）。

如今当地的土豆、玉米种植多采用高效节水、抗旱蓄水的覆膜系统，西什拉渡槽已废弃不用，槽身伸缩缝破损、铁件生锈老化（**图4_71**）。毕竟五月中，风光异四时。在干旱的初夏，西什拉渡槽一路蜿蜒，沿着西拉什乌素村延展，散发着贴近大地的最初气息。

山峦拱卫：重庆市北碚区兴隆庙渡槽

嘉陵江畔的重庆市是我国著名的历史文化名城，它又是独一无二的山城，地形复杂、耕地少、盛产石材，为渡槽建设创造了条件。兴隆庙

↑图4_70　曾经风光无限的西什拉渡槽

↗图4_71　采用覆膜系统的作物种植与失去作用的西什拉渡槽

渡槽位于重庆市北碚区柳荫镇东升村，属于胜天水库的配套渠系工程（**图4_72**）。胜天水库灌区位于柳荫镇东北侧邓家沟，渠道工程有东西两条主干渠，由重庆市江北县水电局设计，灌区灌溉面积达3.8万余亩。当地盛产野山莓、毛竹、烟叶、豆类等作物，种类丰富且品质优良。

兴隆庙渡槽为浆砌红色花岗岩拱结构，它与东升村唇齿相依，青山如屏、绿树如帷，渡槽也如一圈长城环绕着村落，从山峦、小路、池塘边均能眺望到它（**图4_73**）。长约1.5km的兴隆庙渡槽是重庆市最长的石拱渡槽，因槽身无标语口号等附加内容，石拱凸显了砂石的质朴韵味。渡槽蜿蜒在雾霭缥缈的沟壑中，如潮蝉声与红瓦黄墙的兴隆寺庙相伴，环境尤显神圣（**图4_74**）。渡槽建设充分利用了地形优势，将最大跨度袒露在村落入口，该处地势平坦，具有开阔的眺望山峦的视野，主拱跨度近40m（**图4_75**）。渡槽现已废弃不用，保存完好，对推进东升村的美丽乡

图4_72　重庆市北碚区兴隆庙渡槽区位图

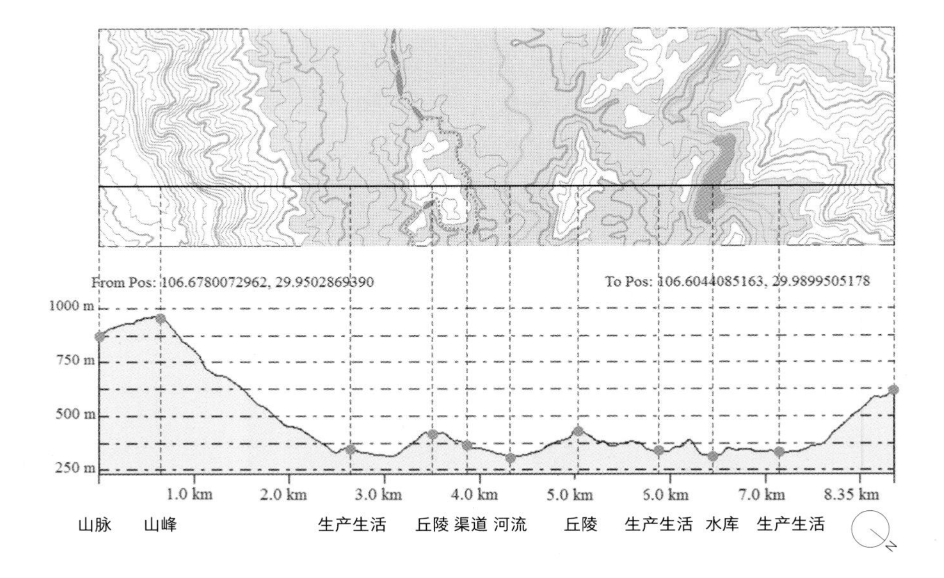

村建设，如举办高等院校的艺术工作坊等项目，不失为得天独厚的支点。

双层走水：江苏省徐州市西贺村翻水站渡槽

徐州地处苏鲁豫皖四省之交，扼守南北要冲，气候相对干旱。西贺村翻水站建于1978年，如今在徐州经济开发区内隶属大庙镇，毗邻长安大道，距离京福高速公路200m，在徐州东站2km的辐射范围内，区位优势明显。翻水站渡槽坐落在一块临街的空地上，周围的环境隔着长安大道已被成片的高层住宅裹挟。空地被散乱的施工棚和菜地包围，村民养的鸡鸭在两根耸立的烟囱边乱转，渡槽犹如大城市中的一块孤岛，短短几十米的残垣断壁在炎夏热浪中蒙上了一层魔幻色彩。

→图4_73　西贺村翻水站渡槽拱卫着村落

↘图4_74　环抱村落的渡槽与寺庙相伴

↓图4_75　凌空飞架的渡槽

↑图4_76　双层走水的西贺村翻水站渡槽

↗图4_77　渡槽废墟留存的线脚细节

西贺村渡槽隶属于“徐州红旗渠”，设计按照枯水期水位计算，一级翻水16m，二级翻水32m，以此为基准，力争保证扬程合理和耗电量的经济性。通过翻水站将水提升再灌溉农田，以照顾到渡槽沿线的大部分灌溉面。[1]渡槽为石拱结构，拱跨约10m，槽柱两侧各开约1m的桥孔以减轻结构自重。柱身如梭形的微型分水坝，石拱、渡槽渠道均有石料砌筑的细腻线脚，工匠手艺精湛对减少渡槽渗漏是很有利的。西贺村渡槽的最大特点是双层走水（**图4_76**），上层供灌溉山区梯田之用（此地位于徐州东面的丘陵地带），下层的用于灌溉地势平坦处的大田。渡槽上下敦厚，中部支撑结构轻灵，整体体量雄浑。当年热火朝天的施

1　政协徐州市铜山区委员会文史委员会. 铜山文史资料第22辑[Z], 2013.

图4_78　北京市怀柔区大脑峪渡槽区位图

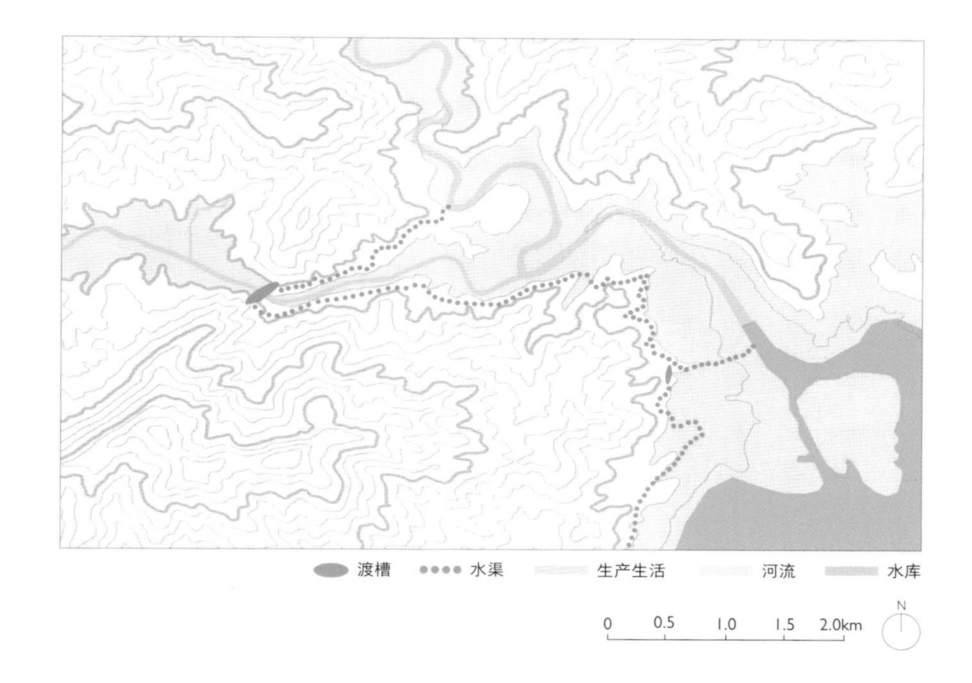

工劳动场面经新闻报道、年画创作和小说演绎，传唱出“峡谷高处架彩虹，英雄重画好山河”的感人场面。然而事实上西贺村翻水站十分费电，竣工几年后入不敷出，遂告废弃。它的修造质量优异，屹立四十余年仍岿然不动，整座渡槽线脚分明、通身凸凹光感微妙，弥足珍贵的残片可为徐州市容增光添彩，理应加强维护管理（**图4_77**）。

2012年，西贺村翻水站被列为徐州市文物保护单位。

怀柔的风景：北京市怀柔区大脑峪渡槽

地处燕山南麓的怀柔是首都的天然屏障，山里盛产花岗岩，顺着范崎路开过花团锦簇的北京雁栖湖国际会展中心，再经过一片密集的度假

图4_79　大脑峪渡槽所在的地形

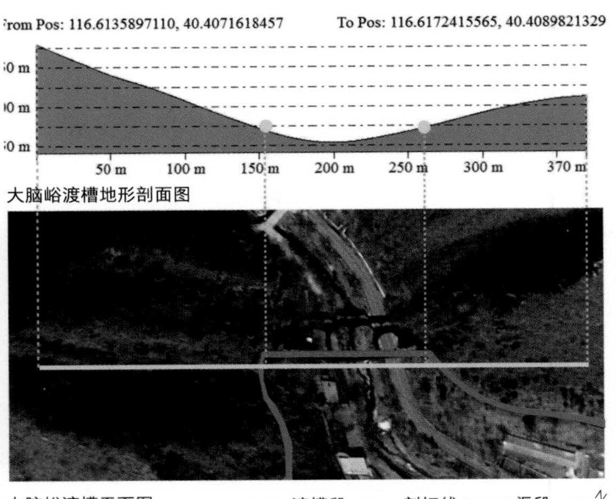

山庄就进了山区。向阳渠是“文化大革命”时期的产物，目前处于怀柔神堂峪风景区内（**图4_78**）。

1975年北京市怀柔区兴建了七大引水工程，分别为风格渠、跃进渠、团结渠、向阳渠、友谊渠、创业渠和胜天渠，名字中可见万丈雄心。当年7月，公社自筹资金，组织上千名社员和200多名专业施工队员开凿向阳渠。1976年10月，向阳渠全线开通，从五道河村南雁栖河右岸引水，全长16.54km，渠上有建筑物160多处：其中涵洞150座，总长4260m；隧洞6座，总长529m；渡槽4座，总长350m，分别是桥峪渡槽、回龙沟渡槽、官地大水沟渡槽和大脑峪渡槽（**图4_79**）。[1]大脑峪渡槽从设计到建成仅用时一年，因渠道渗漏未能按计划发挥作用，这个投入国家和社队大量资源的工程在使用一年后便闲置了。1985年向阳渠重获新生，只是灌溉受益面积大大减少。

1　北京水利史志编辑委员会. 北京市区县水利志丛书[Z], 1987.

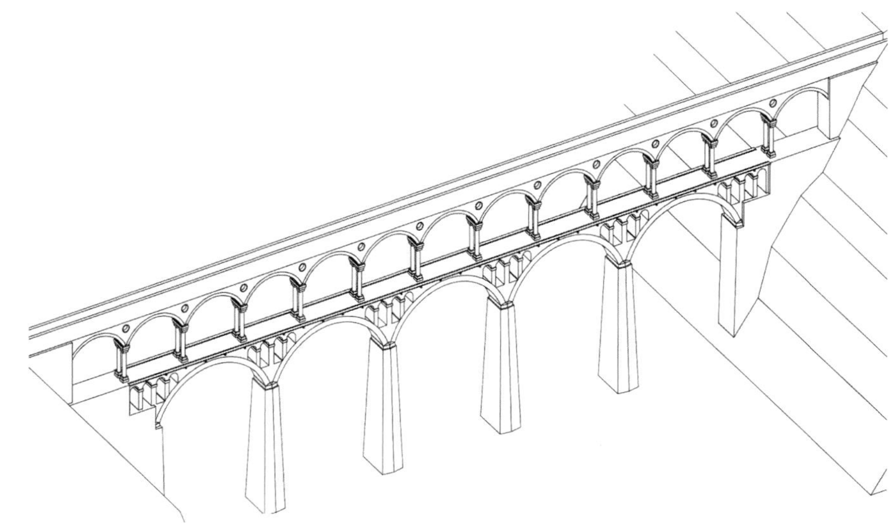

↑图4_80　裁剪入画

→图4_81　大脑峪渡槽结构全貌

蜿蜒行至山坳之间，一条渡槽豁然出现，这就是向阳渠的咽喉工程大脑峪渡槽。它位于北京市怀柔区雁栖镇长园村附近，长约87.9m，高24.5m。一条小溪擦过，迎春花和梅花灿烂地绽放。渡槽一部分跨越车行道，一部分耸立在溪流里，远处的青山与大小拱券裁剪入画（**图4_80**）。它没有气贯长虹，比想象中矮短，尽管略微令人失望，但依然带来了别样惊喜。渡槽长约98m，高约24m，为双层石拱渡槽，顶层送水，两侧的挡土墙和山体结实地融合在了一起。渡槽下层合计5孔，每孔净跨12m、高16.2m；上层为石砌拱结构，共13孔，每孔净跨6m、高5.8m。券顶采用了混凝土预制构件，前后双柱形成的连廊略带古典韵味，上下二层拱跨呈1:2的关系（**图4_81**）。在北方很少见到形态如此轻盈的水利工程，国内其他地方也有类似的结构形式，却没有大脑峪渡槽这么美。只因自然环境对渡槽的景观效果影响甚大，怀柔景观很好，渡槽真正融于青山绿水，荒山野水也就变成了美丽田园。

长园村，一座朴素的北京传统村落。1976年，16岁的长园村村民贾瑞成帮着设计大脑峪渡槽的工程师白玉秀拎包，完成大脑峪渡槽后，师徒转战长城脚下的慕田峪渡槽，但长园村的村民们还是觉得自家门口的渡槽更漂亮。贾瑞成媳妇杨淑清是位乡村能人，一位二十年前创业的全国劳动模范，在距离渡槽不远处开办了长园渔场001号。

2022年，大脑峪渡槽被列为北京市怀柔区不可移动文物（**图4_82**）。

图4_82　大脑峪渡槽扎根大地

水行蜀兴：成都东风渠新南干渠渡槽群

成都平原自古被称为天府之国，水网密布、农业发达。西部岷江水系由都江堰发散向东向南，辐射成都大部范围；东部四江汇水于金堂县，最终形成沱江主流向东南奔去并入长江。而在金堂县以南龙泉山麓两侧的东山地带，天然河道极为稀少，从唐宋以来就是出名的干旱丘陵区域。中华人民共和国成立后，东风渠（原名东山引水灌溉工程）的兴建拉开了改变这一历史面貌的大幕。

东风渠历时24年（1956—1980年）分6期建设，起自成都西北郫都区，穿越宝成铁路，环绕成都主城北部与东部，最终向南抵达眉山黑龙滩水库（**图4_83**）。建设过程历经波折，20世纪60年代经济困难时期工程一度停工长达七年；70年代六期工程中的龙泉山隧洞全长6274m，历时两年多发动十余万人参与施工，隧洞通水时万人空巷胜景一时。二十余年的建设历程，在众多亲历者心中留下了鲜活的记忆。

由于龙泉山两麓多为丘陵地貌，在东风渠的后期建设中渡槽作为一个重要的技术元素就大量出现，仅五期、六期工程的渡槽数量就多达226处。东风渠不仅具有灌溉、发电的功能，而且输送城市的饮用水。渡槽内水流速快、哗哗悦耳，与众多日渐枯竭的乡村渡槽形成了鲜明对比（**图4_84**）。这些渡槽跨山壑、穿铁路、越梯田，与周边的村民生活高度融合，成为沿线居民生活中重要的空间要素（**图4_85**）。

以水池沟渡槽为例，它全长约160m，由左右两个渡槽组成，1966年左侧钢筋混凝土U形薄壳渡槽建成，支承形式为条石重力墩；右侧钢筋混凝土矩形渡槽1978年建成，支承形式为钢筋混凝土排架。渡槽两侧就是村落，农舍、田地与渡槽融合的乡村景观早已自成一体。渡槽之

图4_83　成都东风渠部分渡槽分布图

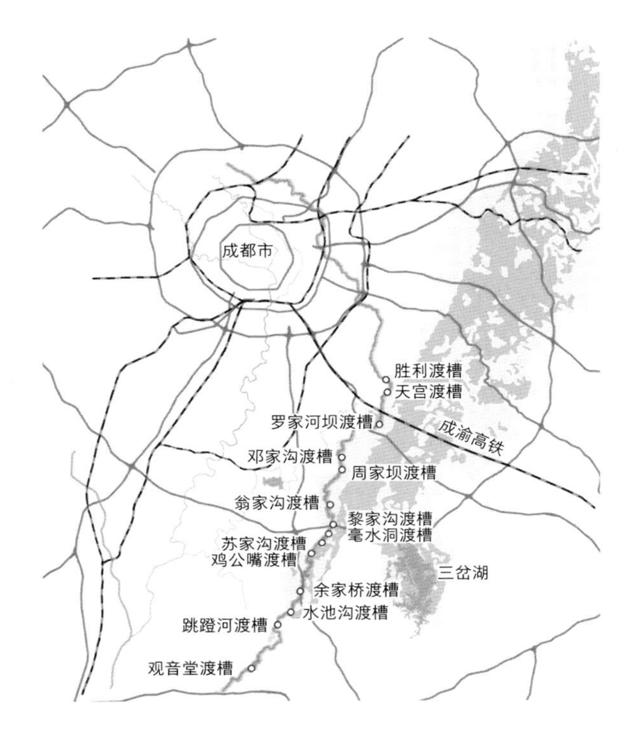

下，一条蜿蜒小路自沟底河畔通向岸头的民居背后，路旁是村民自发利用东风渠引水形成的叠水小景，像极了公园里的林荫小涧（**图4_86**）。这里的渡槽正像村里的大黄桷树，为孩子们玩耍的童年时光遮阴挡雨，川西村居生活的闲散恬淡借水利工程的滋养跃然眼前（**图4_87**）。遗憾的是2023年重访此地时U形薄壳渡槽已重建，原有景观未予保留。

另有一处全长约68m的苏家沟渡槽，为红色砂岩条石浆砌拱式双渡槽。所用条石仅半米长，体块大小不一，小料拼出拱结构，工匠将渡槽砌筑得灰缝平整，显示出高超的技艺。苏家沟渡槽两个高约五六米的

←图4_84　成都市第二绕城高速公路与黎家沟渡槽纵横交织

↓图4_85　穿行在高校学生宿舍间的跳蹬河渡槽

主拱洞十分引人注目，在渡槽南面约25m就坐落着一座明代古寺半边寺，半边寺背靠天公山而建，寺内有药师殿和三尊摩崖造像，始建于明代，并于清道光十年（1830年）重建。渡槽下的两个拱洞，一个下穿乡村干道，直抵寺门前左拐而去，另一个则干脆被僧人改作“念佛堂”，前后封闭遍挂经幡，高高的拱顶下是居中而立的佛像，颇得神圣空间的精髓（**图4_88**）。当透过拱洞远眺半边寺之时，两侧浓荫遮蔽了长长的渠道，渡槽就宛如一座山门（**图4_89**）。几十年的相伴，渡槽本身的红砂岩条石也渐生青苔，视觉上与寺庙的红色墙体融为一体，孰为渡槽孰为庙宇，令观者一时不免恍惚。

东风渠引来自都江堰的岷江之水，连通成都东部的输水生命线，改变了民谣所传唱“西泽东旱数千年，穷富分明两重天”的地域格局。水行蜀兴，东风渠渠道宽阔，穿越多个县市，其组织协同性远非县政府主持建造的乡村渡槽可比。历史上为充分保障东风渠的畅通，多次出现了新老渡槽并置的情况：渡槽老化不能用了，就在旁边新建一座渡槽替换，在长达数十年的建设期和不断的维修改建中，沿线渡槽屡次更迭，目前文物登录工作并不理想。

东风渠属于都江堰世界灌溉工程遗产的组成部分，特定时代的水利设施服务城乡，渡槽独特的形制、巨大的体量和多元的文化内涵为成都平原增色添彩。

↗图4_86　农民在水池沟渡槽旁边的空地上自发兴建的叠水小景，2023年因渡槽扩建已毁

→图4_87　水池沟渡槽带来了夏日阴凉

当心坠落

照普光佛
照普光佛

车辆减速慢行
前方森林防火检查
导点

奇观之石：四川省泸县古佛洞渡槽

命名代表了归属感。50多年前渡槽的名字大多是东风、胜天、团结、向阳，在命名上往往抹平了地方性。四川省泸县古佛洞渡槽却以反映景观特征的方式命名，唤起了人们久违的场所感。

泸县是中国乡村渡槽最集中的县之一，这里自古就有石刻石窟，传统材料和工匠技艺源远流长，为泸县组织水利建设提供了保障。古佛洞渡槽建于1974年，它是在泸县县委领导下，由兆雅公社建设的地方性渡槽，引水自三溪口水库，从立石村经古佛村到永和村。兆雅乡盛产藤椒和龙眼，有了渡槽后，一年一季的水稻也获得大丰收。兆雅镇紧邻镇中的大路进港路，初秋的紫薇花盛放，街边集市汇聚着挑担卖龙眼的乡民，早上尤其热闹。古镇尽管交通方便，它下辖的古佛村第1村民小组却颇为隐蔽，第1村民小组沿着石龙溪呈口袋状布局，“口袋”的底部是一个山洞。几座不大的寺庙依偎着一棵茂密的黄果树，沿着“口袋”的边缘分布，庙里的菩萨是从山石上凿出来的，其中最大的一尊大佛被安放在大佛石窟寺中，是古佛村村名的由来（**图4_90**）。远处山坡上清代的石刻造像高低错落、一字排开。基于地形的自然景观和文化景观层次本已相当丰富，古佛洞渡槽又沿着凹地呈弧形构筑，犹如给“口袋”上了拉链——石渡槽与葱茏的山体几乎缝合在一起（**图4_91**）。

每隔三两年，村民会请专门的漆匠为各种小佛上漆，大佛也不例外，当地人称之为“着装”。换了新装的造像外观栩栩如生，里面的筋骨足有几百年了，乡民的审美情趣得以满足。石刻造像凭本事竞争上岗，一对居高临下的迷你土地公公和土地婆婆最先亮相，接着是分列两排的“十八罗汉”，他们和掌管打雷放电的神仙“雷公电母”共同护佑一方水

↖图4_88　苏家沟渡槽下的神圣空间

←图4_89　从渡槽拱门遥望半边寺

←图4_90　古佛村大佛石窟寺内的大佛

→图4_91　泸县古佛洞渡槽区位图

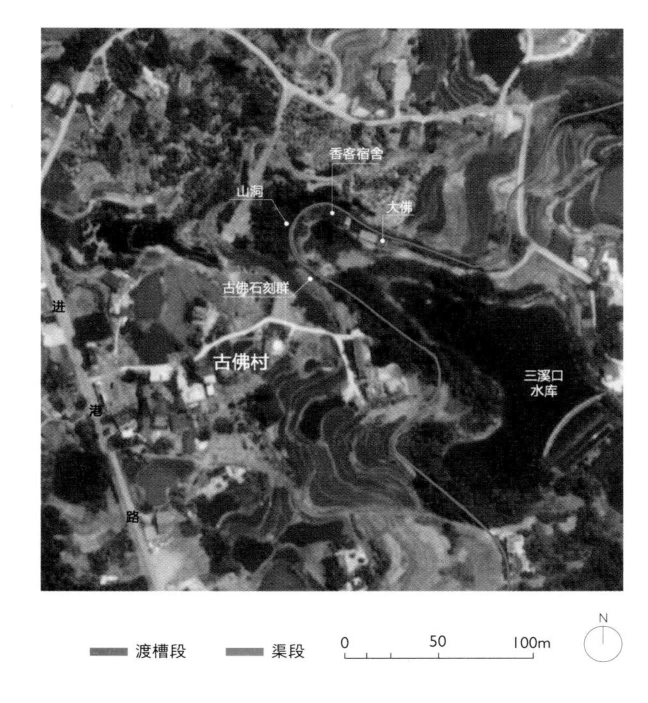

土的平安。“孝”是乡村的根基，因此山壁上最醒目的是挑担佛，他赤着双脚，两肩挑起的不是一双儿女，而是他的父亲和母亲。（**图4_92**）古佛村造像包含着地方信仰与习俗，反映了民风淳朴的乡土文化，具有高度的遗产价值。

然而，当年修造渡槽距离古佛太近了，爆破工程造成大佛手臂严重损坏。古佛洞渡槽距离造像极近的背后可能另有苦衷。渡槽是用条石如搭积木一样堆砌起来的（**图4_93**），这种结构的优势是便于密集型劳动施工，形态容易转弯，与丘陵环境融合度高；劣势同样明显，即结构稳

最先亮相的土地公公和土地婆婆

挑担佛

雷公电母

韦驮

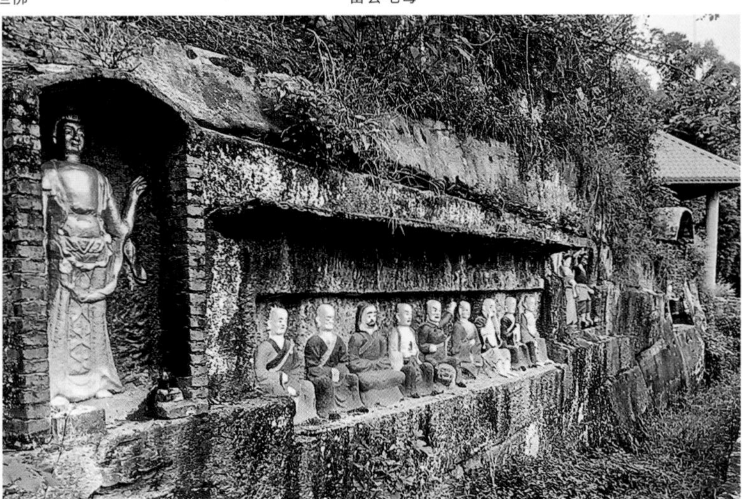
四方财神与九个罗汉

另外九个罗汉

治病的燃灯佛

←**图4_92 保佑一方平安的众神**

定性不足以抵御山洪，所以要绕过险要地段。如今干涸的石渡槽苔藓滋生，贴近渡槽处正在新建一座砖红色的大雄宝殿，对整体风貌产生了不利的影响。乡村渡槽和古佛造像在时空中并置，这是千秋岁月中的奇观，已经“躺平”的古佛洞渡槽正期待着涅槃（**图4_94**）。

中国乡村的渡槽，主要包括由县委以及乡镇组织建设的地方性渡槽。此外，一些为多重综合目的服务、将城市和乡村连通的跨区域渡槽，因其凭借地方材料和社员力量兴建，也属于乡村渡槽。功能复合程度越高的渡槽，持续维护使用的概率越大，一些渡槽规模宏大，形成匍匐于山野和城市夹缝中的巨构，颇具超现实的意味。

当年如火如荼的乡村水利建设对美化祖国山河的贡献影响深远，但面对大规模、爆发式的水利建设也不应忘记反思。乡村渡槽是人民公社制度设计的结果，制度变迁导致了乡村渡槽大量被弃用，其中一些未经价值辨析便被拆除或任其毁坏，这一现象令人忧虑。灌溉渠系对维持我国的粮食安全具有重要的作用，高品质的乡村渡槽具有稀缺性和完整性。渡槽修造依靠的是通力协作，因此水利设施完善发达的乡村也往往隐藏着能工巧匠和得力的组织系统。渡槽品质与聚落的成熟度高度关联，从冷峻的水利构筑物到温暖的乡间烟火气，渡槽的文化价值和经济效益亟待加以挖掘传递。

如果将看似孤立的案例连点成线，搜寻背后的普遍营造规律，则有助于形成技术谱系。正是基于这样的考虑，本章所选择的渡槽包括提灌站型和架设型两种主要渡槽类型，其中高架石拱渡槽属于代表性的技术突破成果。叙事上采用了渡槽群以及单体渡槽两条线索，以期在历史坐标系中提供一份乡村渡槽的读本，为形成乡村工程技术发展简史、工程

组织历程的资料库做某些准备，既学习其中有益的经验，也为价值评价提供一定的基础信息。

渡槽自成小世界。

↖图4_93　山洞洞口附近的渡槽槽身

←图4_94　古佛洞渡槽

5

农业生产组织“变身”施工单位

5.1 乡村动员的阶段性

1958年，中共中央《关于在农村建立人民公社问题的决议》宣告了人民公社制度的建立。河南省遂平县西嵖岈山附近村民于1958年4月20日组建了嵖岈山农业大社，6月底更名为嵖岈山卫星人民公社，号称“天下第一社”，“大跃进”时期率先射出了高产卫星。1958年8月4日，毛泽东亲临河北徐水，徐水被选为全国第一个共产主义试点，人们想象不出模样的共产主义似乎变得可以看见。1957—1958年一年之间，99%的农村人口被编入了近2.6万个人民公社[1]，男男女女汇聚成一股激流。此一时彼一时，1983年10月《关于实行政社分开，建立乡政府的通知》颁布，历时25年的人民公社制度宣告结束。

人民公社是“社会主义社会在农村的基层单位”[2]，执行的是“公社-生产大队-生产队”的三级管理体系。生产大队既是人民公社的中间一级经济管理机构，大体负责行政村范围内生产活动的组织运营，又是公社下设的一级行政管理机构。生产队主要由自然村构成，因此“公社-大队”的二级机构更为直接地承担了面向乡村的基层管理。“公社-生产大队-生产队”的架构对应了传统的“乡-村”架构，在空间上，“公社”与“乡”对应，且社址通常设置在乡一级的聚落中，而“生产大队-生产队”与“村”对应，每个村庄都至少包含一个生产队（**图5_1**），几个生产队组建成生产大队。半个多世纪前，中国的城乡流动不强，乡里乡亲的互动反而异常频繁，高度的城乡差异催生了乡村的可识别性，特别是缺水的地区，崎岖的地形时常将农业区和城镇割裂开来，大规模的水利建设是将农民、农业和农村拧成一股绳的驱动力。

人民公社整合了工（工业）、农（农业）、兵（民兵，即全民武装）、学（文化教育）、商（商业）五种功能。在公社制度存续的25年中，山林、耕地、农具、宅基地、房屋等生产资料所有权在公社与生产队之间发生过多次变化，因此不能简单地说人民公社属于哪一种所有制形式。根据各类资产所有权的偏向，结合乡村渡槽演变的时间节点，可以将人民公社的发展历程划分为四个阶段：

1 政协河南省遂平县委员会学习文史资料委员会. 遂平文史资料第七辑[Z], 2012.
2 陈暹秋，傅晨. 农村社区合作经济理论与实践[M]. 广州：广东人民出版社，2007: 82.

图5_1 人民公社时期“乡-村”架构演变图

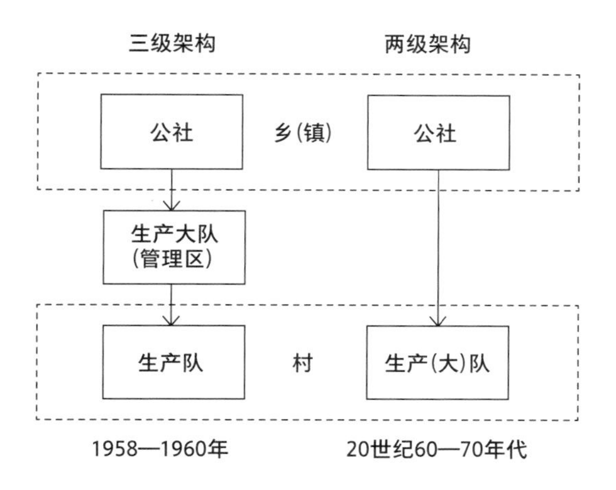

1958—1960年：高度集中

耕地、宅基地所有权归公社，生产队此时只是劳动组织，没有所有权，而农民个人拥有自己的房屋。这是人民公社建设的第一个高峰期，此时的建设主要是针对乡、镇居民点的规划，村庄并无太大变化，水利设施基本延续了传统的修造方式，以石拱渡槽为重点，地方工匠发挥了优势。

1961—1967年：休养生息

公社耕地、宅基地等的所有权被下放给了生产队，而生产队又在一定程度上将土地使用权放给了村民。这被称作“三级所有、队为基础”，实际上的含义就是对各个村庄放权，让其有一定自行发展的空间，这是红旗渠诞生的凝聚力之一。但这一时期乡村渡槽建设总体不活跃。

1968—1977年：再度集中

“文化大革命”期间各个村的生产队通过建造新村、集体住宅的方式向村民置换了房屋和宅基地所有权，权力再一次集中，如大寨人民公社中大寨大队修建的火车窑就是租赁给村民改善生活的。但组织这些建设活动的权力仅仅是向生产队一级集中，公社一级实际上没有太大权力，大规模的水利建设则要依靠县委和县政府。这是人民公社建设的第二个高峰期，伴随着村庄规划和建设，水利设施有了很大发展，农业生产的拓展面很大。

1978—1983年：公社退出

家庭联产承包责任制推行后，耕地和宅基地的实际使用权又下放给了村民，这时不仅公社一级，生产队一级也没有了实权，人民公社制度此时已经名存实亡。家庭联产承包制在实施过程中，仅保留集体经济必要的统一经营，生产资料承包给家庭，乡村水利设施的使用效率变低。从1983年起，人民公社制度已经退出，乡村风貌的改变也放慢了脚步，自然环境和社会空间相对固定，保持了原乡所具备的建筑面貌、人与乡情。20世纪80年代中期农村剩余劳动力逐步涌进城市，乡村聚族而居的纽带关系不同程度地受损，这是中华人民共和国历史上的重大转折，城乡差异与城乡互动诱发了乡村日常生活空间的迅速转换。

下文将复盘福建省云霄县向东渠的施工组织。研究也是一种复苏术，从中我们可以看到人民公社制度所取得的具体成效，及其与工程之间不可思议的联结。

5.2

生产组织的
内部层次划分

福建省云霄县向东渠地处典型的东南丘陵地带，山坡、巨石、溪谷随处可见且彼此之间相对隔绝，因此整个工程需要被分拆为不同的施工段，其工程规模也大小不一，需要交给不同的施工团队独立完成。公社没有条件主持大型水利项目，工程建设通常由县委、县政府主动牵头，县委和县政府在农村基层代表了国家动员力。进一步地，“公社-生产大队-生产队”三级组织对社员就有很好的动员和组织效力，其下几十、上百、上千人等不同规模的劳动组织可以灵活、充分地应对不同规模的工程，由于土石方工程技术难度不高，种田的“好把式”可以快速地投入水利建设劳动。人民公社制度下多层次、不同规模的组织架构，几乎完美地契合了施工需求。

民工团：以公社为基础成立的“民工团”是工程施工中等级最高的单位。根据当时的记载来看，通常较大规模的工程会分派给公社民工团这一责任主体。

大队：在实际的任务执行过程中，公社内的各个大队则是最常见的行动单位，生产大队在空间上大多对应的是各个行政村。当工程任务被分派至公社后，其下各个大队会独立集结、前往工程所在地。此外，大队也是工程中最常见的合作主体，当一些施工单位遇到器材、住宿等困难时，其他施工单位主动伸出援助之手，彼此之间进行互助协作，保证了整个工程顺利开展。

民工连：一些小规模施工任务比如某处岩石的挖凿等，会交给更小的施工单位民工连，它在公社生产队的基础上建立。民工连在空间上对应的是较小的自然村，是当时农业生产的最小单位，因此民工连也是整个水利工程施工中的最小执行单位。如“和平农场征山民工连工段处于大石如壁的尖山腰，他们靠洋镐、锤等简陋的工具，不用一两炸药，创造了日挖千斤大石21块、200斤大石90多块的战绩”。[1]

5.3

民兵：生产建设即“战斗”

各级施工单位的快速组建同样离不开人民公社内嵌的一套民兵制度。不同时期、不同地区的公社，民兵的建制有所差异，仅就当时的云霄县各公社而言，公社对应“团”，大队大致对应“营”。因此作为施工单位的大队，其内部便是按照营进行更细分的编制。为建设向东渠，云霄县10个社场（9个公社和1个农场）166个大队上工，其中有2个公社上工人数超过了6000人，1个公社超过3000人[2]。3000人是部队一个

1 李文庆. 向东！向东！向东渠引水工程回忆录[M]. 福州：福建人民出版社，2014: 33.

2 李文庆. 向东！向东！向东渠引水工程回忆录: 26.

表5-1　云霄县向东渠施工单位与不同建制下各级组织的对应关系
表格来源：根据李文庆
《向东!向东!向东渠引水工程回忆录》（2014）整理

施工单位	人民公社建制	民兵建制	传统乡村建制
民工团	公社	民兵团	乡
大队	生产大队	民兵营	行政村
民工连	生产队	民兵连	自然村

独立团的建制规模，因此实力雄厚的公社中的青壮年可以构成一个独立的民兵团，团长由公社书记担任，施工采用了军事化管理措施，按照“班排连营”编制投入施工与生产（表5-1）。民兵制度的最大作用是维持并强化了集体秩序，特别有效地管理了青壮年人口，集体化为社员提供了深度参与生产队事务的机会。向东渠建设期间，民兵们展开劳动竞赛并刊发《向东战地报》，那时的工地犹如战场。

1970—1975年间，云霄县全县民兵人数大概占总人口的20%～30%，这也是当时全国各地人民公社中民兵人数占比的平均水平。而各公社抽调参与向东渠工程建设的人数，占全公社人口的10%～20%。从中可见，民兵组织的规模比施工队要大，它是组建施工队的充分保障（表5-2）。

表5-2　云霄县各个公社参与向东渠建设的人口比例估算表
表格来源：根据李文庆《向东!向东!向东渠引水工程回忆录》等志书整理

公社（乡）	莆美乡	火田	东厦	马铺	和平	陈岱
1970年人口（估算）	28 428	33 527	33 903	24 765	17 647	23 253
参与向东渠工程的人数	6100	6090	4620	3860	3200	3140
占公社人口百分比	21%	18%	14%	16%	18%	14%

5.4

主体工程：系统分工与充分协作

渡槽主体工程由进出口、槽墩、槽身和基础组成。相比于土石方工程，槽墩和槽身拱的建造有着更高的技术要求，需要技术人员介入现场，同时施工队也要更加精细地分工协作，这更加体现了人民公社制度的优势。“公社–生产大队”的架构恰到好处地满足了几处大型渡槽的施工任务分配需求，根据记载，“东厦公社书记张招仁是世坂段的组织者”，他曾经做过云霄县的团委书记，不是“纯农民”，大局观很强。全公社每个大队各建一个墩，洲渡、荷步大队分担两个墩[1]。世坂渡槽（世坂段）大约有15个槽墩，而东厦公社在当时有13个生产大队。因此除

1　李文庆. 向东！向东！向东渠引水工程回忆录：64.

了其中2个大队各自负责建造2座槽墩，剩下11座槽墩的建造任务刚好分给其余11个大队。整个过程对人力的分配是高效的（**图5_2**），生产大队的名字被镌刻在了渡槽上。

搭建渡槽拱架、砌筑拱券等工作难度很高，无法仅靠体力完成，必须要在技术人员的指导下施工。此外，由于工程造价限制和“三材”紧缺，槽墩和拱架的设计以及施工方案，常常需要根据现场情况进行较大调整，因此设计人员还需要驻扎现场。1970年8月30日“福建省云霄县向东引水工程指挥部”成立，在指挥部的指挥与协调下，技术员与干部、能工巧匠及时商讨设计方案，这便是“三结合”（**图5_3**），有时还包含“土洋结合”，它是多年前科研工作的纲领性要求。

福建省云霄县向东引水渠的技术力量与当时的政治环境相关。1969年省、地、县干部下放，随带粮食关系到地方接受劳动锻炼，下放龙溪专区的水利干部大多集中在云霄县。一些技术员被纳入了施工组，包括施工组组长吴禹门、龙溪地区水电设计院王梓才等十余位骨干。“三结合”通过技术人员和干部、工人的结合来组成攻关小组，进行施工设备和节约“三材”等方面的革新。事实证明，这种组织方式对向东渠建设过程中的一些复杂施工是行之有效的，除了渡槽之外，隧洞以及倒虹吸管等技术难度高的工程也依靠“三结合”完成。

图5_2 世坂渡槽施工任务分配示意图

图5_3 “三结合”设计与施工组织图

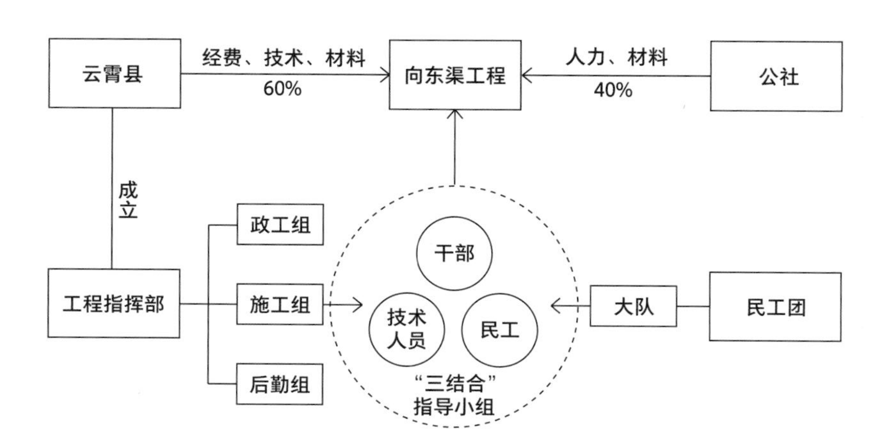

5.5

施工调度：以合作方式迈向更大的共同体

由于漳州东山县东山岛境内没有一条河流，严重缺水，故1971年向东渠改线，通过建设八尺门渡槽向东山岛送水。东山县的人民公社和工程队也参与了向东渠的施工，向东渠系是县级的水利工程，而且是横跨了两个县的协作项目。人民公社在设计之初就被表述为向共产主义过渡的产物，华揽洪早年撰文指出：“要想象社会主义环境中的生活是怎样的却是非常困难的，尤其是在这个向共产主义过渡的阶段。”[1]然而，按照向东渠横跨两个县协作建设的构想，随着合作的进一步扩大，未来的人民公社将不局限在乡的范围，甚至可以在县域建立大公社，民兵师的数量可以继续增加。按照这种思路，灌渠体系的存在本身应该服务于更高层级的构想，它将是公社与国家之间的纽带。

向东渠各处工程任务并非完全按照“就近原则”向各个公社分派，或者说采用了反“就近原则”的组织部署。例如刜屿公社、陈岱公社的民工团便被分派了远在20km之外的工程，甚至邻县东山县的西埔公社由于其在隧洞工程方面的丰富经验，也被派往云霄县承担任务。这种安排非同寻常，因为传统乡村的水利设施往往都是由直接受益方进行建

1 华揽洪. 重建中国: 城市规划三十年1949—1979: 34.

设。就算是一个村内部的池塘、沟渠也大抵是由直接受益的几户出工出资，对于非本村或本乡的水利设施是不太可能有人参与的，更遑论这些建设工程远在几十公里外的地方。参与向东渠建设的公社中，东厦和莆美两个公社地处漳河附近，属于云霄县三大灌区中的Ⅱ区（表4-1），未在向东渠中直接获益，但经济实力雄厚的东厦公社顾全大局，先后派出3000人参与向东渠世坂渡槽和八尺门渡槽建设（表5-3）。[1] 如果说公社内部各生产队、生产大队之间的协作是对"村域边界"的超越，那么在向东渠工程的建设过程中，各个公社之间的协作便是对"乡域边界"的超越（**图5_4**）。向东渠工程就像一根纽带，联结了云霄县各个公社。

国家投资在不同时期会投向特定项目或地区，大兴农田水利工程就是由计划分配体系中的发展目标决定的。中央和地方的关系很微妙，人民公社制度结束5年后，随着1988年扩大沿海经济开发区的政策推出，中国经济开始迅速与世界接轨，可以深刻地感受随着人民生活水平提高，政策的影响力愈加显现。在这段时间国家对农村的投入是增加的，根据国务院《关于1988年国家预算执行情况和1989年国家预算草案的报告》：1988年用于支援农村生产和各项农业事业的支出共155.1亿元，比上年增长15.6%。然而，计划经济高度依赖地方政府作为执行人和监督人的管理能力，除了国家的财政投入外，乡村并没能像沿海开放城市一样得到更多的政策和人才支持。而采用"倒放电影"的方式来回顾往昔这段历史，可以发现人民公社时期国家财政在水利方面的投入始终存在巨大缺口。在此前提下，正是通过县委县政府的运筹，将来自国家的经费、钢材、水泥、技术员与来自各个公社的施工团、民兵队、宿舍、粮食与砖石等要素组合在一起，最初的动机和最后的结果才能够完成闭环，很多困难得以克服，"国家与公社"这一更大的共同体才得以实现。

1　福建省云霄县地方志编撰委员会. 云霄县志：122.

表5-3　云霄县各公社的跨境施工统计表
表格来源：根据李文庆《向东!向东!向东渠引水工程回忆录》(2014)统计

云霄县各公社	主要参与的工程	跨境直线距离（km）
陈岱公社	车头渡槽	26.3
莆美公社	风吹岭渡槽、土地岭隧洞	3.1
东厦公社	世坂渡槽（世坂段）	7.2
火田公社	世坂渡槽（大瓦铺、小瓦铺段）	6.8
马铺公社	双溪渡槽	6.0
和平农场	土地岭隧洞	4.7
常山华侨农场	上窖倒虹吸管、杜塘水库	14.5
列屿公社	石狮山土方工程	30.5
下河公社	双溪渡槽	4.5
城关公社	不详	不详
西埔公社（东山县）	水尾隧洞	>30

图5_4　向东渠工程中各公社民工团的派遣示意图

5.6

后续管理：关于权益与分配的制度设计

传统社会时期

云霄县自古有合作修建农业水利设施的传统，最常见的形式是陂圳。陂圳由两部分组成：人工围成的池塘或堤坝“陂”，以及引导分配水资源进入田间的水沟“圳”。根据当地县志记载，在传统社会时期，陂圳这类农业水利设施的建设和管理便已经形成了一套比较明确的制度。受益范围较大的陂拥有专门的管理人，一般推选“陂头”一人。陂圳需要修葺时，由陂头负责按受益田亩分摊劳力或收费雇工，管理费的征收可落实到每亩田产，从粮食收成中抽取，部分提成还用以聘请戏班演出当地特有的“潮音戏”，冬意浓，戏正红，皆大欢喜。

人民公社时期

在人民公社早期、向东渠建成之前，云霄县内各水利设施已经形成了一套层级分明的管理体系。不同规模的水利设施，其管理主体、所有权、受益范围以及出资方都有所不同。1959年5月13日，云霄县人民委员会发布《水利工程管理机构及财务收支管理办法规定》，把水利工程分为县、公社两级所有，并进行分级管理（表5-4）：工程建设费以公社自筹为主，国家补助经费不超过工程造价50%的中小型工程，以及自筹经费或献义务工所建、受益范围不超过2个生产队的小型工程，归公社（农场）所有和管理；由国家投资、群众献工所建的大中型工程，如杜塘水库、碗窑水库、虎头潭抽水机站和山美水闸等，归国家所有，由县管理；部分跨社、队工程，如洋古坑、枯坑、金交等水库，因工程不大，管理不复杂，归工程所在地的公社管理，由受益社队按受益面积认股组成管理机构；国家与公社共有的工程，规模较大、灌区较复杂的由县管理，反之则由公社管理；生产队群众自建的工程，归生产队所有和管理，如莆美和东厦两个公社1965、1966年联合建立起2个大水闸，开挖10km人工河围垦筑堤坝，按照股份划分收益，按照大队进行包干建设，定名为东方埭围垦。打败贫穷痛苦的是行动力，打败自己的往往是“再等等”，在土地贫瘠的云霄县，人民一天不得闲，通过制度建设牢牢锁定了土地赐予的每一个机会。

可以看到，在人民公社时期前半期，云霄县各类水利设施的管理体制和相关权益分配形式并不单一，而是存在国家、公社、生产队多层主体的合作。在管理机构的设置方面甚至还有着类似现代企业股东制度的体制，即按照各个利益相关主体的受益面积认股组成管理机构。客观而言，可以推测这些水利设施的管理体制是科学而合理的。

向东渠建成之后，给整个云霄县带来了空前的凝聚力。这种凝聚力是非常具象且直观的：向东渠本身作为一个贯穿全县的整体工程，是各

表5-4　工程类型综合汇总表
表格来源：根据李文庆《向东！向东！向东渠引水工程回忆录》等志书整理

工程类型	管理机构	所有权	受益范围	经费来源
大中型工程	县	国家	整个县域	国家出资、社员出工
公社与国家共有的工程（规模较大、灌区较复杂）	县	公社与国家共有	多个公社	国家、公社共同出资
中小型跨公社工程	多个公社（由受益公社按受益面积认股组成管理机构）	多个公社共有	多个公社	多个公社共同出资
中小型工程	公社	公社	不超过2个生产队	公社自筹为主，国家补助经费不超过工程造价50%
生产队自建工程	生产队	生产队	生产队	生产队

个公社都有“出资”的基础设施，其所有权自然也归属所有公社和国家。如果按照当今的经济话语去定义向东渠这一工程，它可以说是一项国家占股60%，公社占股40%的基础设施投资：据事后统计，向东渠工程云霄段总计投资1074.4万元，其中省水利电力局拨460万元，地区水电局拨105.5万元，县财政拨105.75万元。在人力方面，群众的投入是占大份额的，社队自筹劳动力折合403.15万元。假如将视野放大到整个云霄县的水利工程，1949—1982年云霄县农田水利建设总投资约7045万元，其中国家补助经费2236万元，其余为地方社队自筹及社员的劳动积累，可知占总投资近70%的经费来自人民公社[1]，农村基

1　福建省云霄县地方志编撰委员会. 云霄县志：54.

层的积极性在振兴经济中具有无可替代的作用。

向东渠作为一个庞大的系统工程，在功能上串联整合了原本分散在县域内的多处水坝、池塘、抽水站等设施。相应地，原本分散的管理机构也被整合进了统一的管理处——向东渠管理处。1973年3月，向东渠建成通水后，县级管理的水利工程除碗窑水库、漳江水闸外，统一划归向东渠管理处管理，其下辖石牌、世坂、前涂、杜塘、常山等5个管理所，同时将虎头潭抽水机站划归管理处管理。而当向东渠得以存在的重要基础人民公社制度退出时，这种空前整合的管理秩序也发生了变化——1977年杜塘和常山管理所撤销，1978年虎头潭抽水机站独立，1985年起撤销所属管理所、改设11个管水站，那便是另一个时期的故事了。

包产到户之后

大中型农业水利设施是联结县域内各经济组织乃至行政机构的纽带，它天然地与人民公社时期形成的“国家-公社-生产队”体系契合，也印证了人民公社是适应当时生产力条件下劳动组织和资源分配的选择。

然而，实行家庭联产承包责任制后，这类水利设施的管理工作遇到了挑战：1980年，原来的灌区代表会和灌区管水员队伍解散，导致县域内一些跨生产队、跨公社的中型水利设施的管理碰到了缺乏责任主体、缺乏激励的问题。直到1985年，县域内的水利设施管理体系才基本完成了调整，全县水利工程回到了“县-乡（镇）-行政村-自然村”四级管理的体系，再度紧密地形成了为农业服务的整体。云霄县原本的11个场社即现在的乡镇所在地，始终在从事农业生产，渡槽穿境而过，带来了与记忆有关的日常风景。以耕作为主的区域没有受到城区扩张的明显影响，心中的山水不曾大变（**图5_5**）。

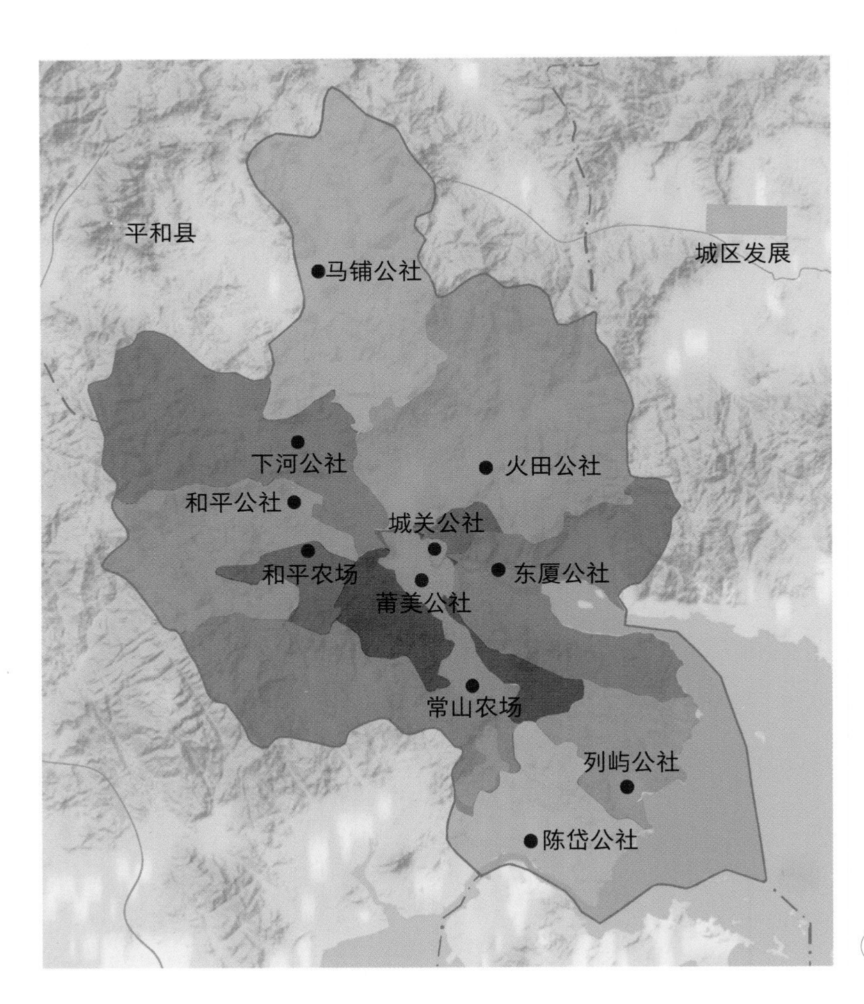

图5_5 云霄县始终在从事农业生产的11个场社（现在的乡镇）

6

工程角色

6.1

节约“三材”是重中之重

20世纪60年代，中国的建筑技术水平与美、日等国家差距显著。欧美国家的钢铁厂已经不仅满足于技术革新，而且在为进入计算机时代做准备，新材料带来了新的空间美学。而中国的工业基础和工业化程

图6_1 中国和欧洲、日本的农田水利建设发展、环境整治发展阶段比较示意

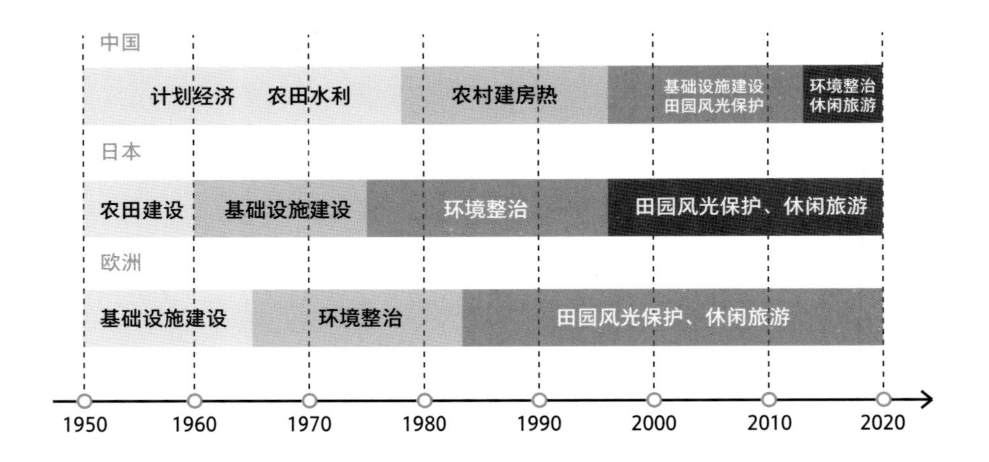

度极低，建设摊子自20世纪50年代苏联援助开始又铺陈得太大，造成了建筑材料的严重短缺，在技术攻关和组织管理上长期围绕着节约“三材”推进，发展路径与欧美国家不同（**图6_1**）。

巧女难为无米之炊。中华人民共和国成立初期，建立工业体系和扩大再生产的目标受到了经济水平的极大制约。“三材”是钢材、木材、水泥的统称，属于国家统一调配的三项主要工业材料。在国家对建筑企业的定级和升级考核中，“三材”的节约情况对企业能否升级具有决定性影响。[1]建筑成本的直接费包括材料费、人工费和机械费，根据1981年的测算，直接费占全部建筑成本的80%，其中材料费占67%。人工费仅占7%，机械费更低，只有4%[2]，也就是说全部建筑成本的50%以上是材料费，节约材料就成为了关键问题。“三材”调配有轻重缓急，1964年以备战为目的，涉及2/3国土面积的“三线”建设全面铺开。1964—1972年，50%以上的基本建设投资用于内陆地区建设[3]，西部地

1 夏永佳. 三材节约途径探析[J]. 建筑经济, 1989(12): 24-26.
2 许溶烈, 吴家骝. 论中国建筑技术的若干问题[J]. 建筑学报, 1983(12): 14-17.
3 《中国建筑年鉴》编委会. 中国建筑年鉴1984—1985[M]. 北京: 中国建筑工业出版社, 1986: 304.

区得到了长期的投资倾斜，“三材”广泛用于铁路、公路、厂房等大型建设中，一般的农田水利设施所用的“三材”不仅配额少，而且申请过程漫长，筹备材料占用了宝贵的时间，“三材”短缺与计划经济造成的指标分配问题有关。

在相当长一段历史时期内，国家在有计划、按比例调控工业材料方面一直缺乏有效的办法。比如，从1982年起，我国的钢材产量已经仅次于苏、美、日，成为世界第四大产钢国[1]，但节约“三材”的政策从1984年才开始松动，国务院颁布了《关于改革建筑业和基本建设管理体制若干问题的暂行规定》，改变了主管部门下达“三材”指标的做法，各类建筑材料的供应允许向市场化采购的方向过渡。节约“三材”的国策实施长达30年，伴随着整个计划经济时期，对我国国民经济和建筑行业的影响空前深远。

由于当时国门封闭，技术人员没有将太多注意力集中在追赶发达国家上，反而面对压力，更加注重挖掘技术潜力。1964年5月15日建筑工程部颁布了《关于建筑结构问题的规定》，它是一本从苏联规范向我国自主编制规范过渡的重要文献，在总则（四）中强调了因地制宜、因工程制宜，“要了解当地材料的数量、质量和运输条件，了解当地传统结构的技术经验”[2]。该规定提出减轻结构自重、提高木材的出材率、发展预应力混凝土技术、使用混凝土外加剂节省水泥、少用乃至不用钢筋水泥仍能满足一定的跨度，很多经验都要放置于当时“勤俭建国”的背景下解读（**图6_2**）。节约“三材”的优良经验通过教科书等深入普及，通过“材料–结构–形体”一体化来“减料”，其中蕴含的科学原理始终是学术研究的立足点。“文化大革命”后一路春风，满树花开，师生的求知欲如决堤洪水。1980年，《建筑结构》作为首次面向建筑学专业而

1　金琳. 关于我国钢铁工业若干政策问题研究[J]. 经济研究参考, 1992(Z3): 1086-1107.
2　胡德鹿. 建筑结构设计规范62年[J]. 建筑工程标准化, 2011(10): 13-17.

节约木模板　减轻结构自重　组合结构与结构选型　预制化构件　预应力施工法

图6_2　人民公社时期渡槽节约“三材”的结构和施工方法

编的高等学校试用教材问世，教材主编朱聘儒教授（1927—2020）指出：一个合理的结构设计，首先应使结构材料的强度能得到充分利用，否则将不仅是一种浪费，而且还要增加结构自重。[1]他将结构选型和减轻结构自重提到了应有的科学高度，反观乡村渡槽，它的结构设计恰好是这类优秀结构选型的代表。

节约“三材”不仅是技术手段，而且带有独特的文化意蕴，不论是节约“三材”，还是就地取材，它们在国家战略和民间习俗方面均存在共通的“轮回”，其深层内涵是尊重不同地区的自然差异和社会习俗差

1　哈尔滨建筑工程学院，华南工学院. 建筑结构[M]. 北京：中国建筑工业出版社，1980: 245.

异，认同地方性的建造模式是对地域文化价值的认同，节约“三材”塑造的传统美学成为了中国建筑工业化追求的独特组成。值得注意的是，节约“三材”的前提是不违反科学规律，若一味追求低标准则可能导致科学性的缺失。特定历史时期以节约“三材”为圭臬，既有物质匮乏的必然，也有管理统配上的不畅，节约导致的报废同样是无法忽略的庞大数字。建筑材料有的时候可以被当成一种隐喻，成为政治和社会意义的潜在载体，不乏艰苦奋斗的符号性和象征性。只有工程师坚持独立的探索和创新的路径，节约“三材”才能展现出技术、美学和社会层面的综合成就。

6.2 渡槽的结构选型

渡槽建设是一项以设计组织和执行力为依托的制度化行为，标准化是提高渡槽建设效率的技术保障。为应对设计赶不上施工、施工赶不上建设需求的矛盾，套用标准图和定型设计是节约时间、顺利达产的方法。

1964年，建筑工程部建筑标准设计研究所成立，它成为标准图设计的“国家队”[1]。与建筑业侧重于构件分类稍有不同，水利部直接组织编制了一批水工建筑物定型设计的标准图集，各个水利单位也编制了一

1　金霞. 上海各设计单位技术科室工作经验简介[J]. 煤炭工程, 1957(6): 18.

批定型设计图集。根据出版时间和发行目的可将这些图集划分为指导性的标准图集和总结性的标准图集。指导性的标准图集，如水利部北京勘察设计院编写的《灌溉渠系水工建筑物定型设计》系列的《石拱渡槽》《木渡槽》，收录的渡槽没有特定的外部环境，根据材料、结构形式和尺寸等参数预设了不同的类型，从业者可根据实际需要选择。总结性的标准图集，如浙江省水利水电科学研究所编著的《小型水利水电工程设计图集（渡槽分册）》等，总结之前的实践经验，挑选具有代表性和指导性的典型案例进行推广，这些标准图集中收录了成功运行的典型工程和个别地区适用的定型设计图（表6-1）。

工期、材料和费用是决定水利工程采用何种建造方式的重要因素，协调度和熟练度决定了工期，易得性决定了材料，人力和物力决定了费用，这三者不可彼此剥离。密集型劳动可部分解决工期和费用不足的问题，就地取材、简单的结构形式便于当地社员和工匠参与建设，对节省费用和缩短工期同样是有利的。渡槽由进出水口、槽身、支撑结构和基础组成，承受的是静荷载，受力比桥梁简单，设计原理与桥梁类似。20世纪50—70年代的乡村渡槽按照结构形式主要分为梁式和拱式（包括板拱式、肋拱式），还有少量的桁架式；此外，组合式渡槽通常采用混合结构和混合材料两种方式来建造（**图6_3**）。

梁式渡槽（beam-type aqueduct）：槽身直接支撑在槽墩或槽架上，分为简支式、悬臂式和连续式，常用跨度为8 ~ 15m，施工吊装方便，标准化的形式较为突出，U形槽身的渡槽即为实例。

拱式渡槽（arch-type aqueduct）：槽身支承在拱式支承结构之上的渡槽，由槽身、拱上结构、主拱券和槽墩组成，分为板拱、肋拱和双曲拱，是乡村渡槽中形态最为优美的一大类。在1958年至“文化大

表6-1 中国出版的部分渡槽设计图集与论著
表格来源：根据各类文献、志书整理

时间	作者	著作名称
1956	不详	《水工建筑结构设计暂行规范汇编》
1958	水利部北京勘察设计院	《灌溉渠系水工建筑物定型设计——钢筋混凝土渡槽 草案》
	水利部北京勘察设计院	《灌溉渠系水工建筑物定型设计——石拱渡槽 草案》
	水利部北京勘察设计院	《灌溉渠系水工建筑物定型设计——木渡槽（草案）》
	水利部北京勘测设计院	《灌溉渠系水工建筑物定型设计装配式建筑物 草案》
	广东省水利厅	《农田水利工程定型设计》（共4集）、《实例汇编》（共3集）
1959	甘肃省水利厅	《倒虹吸和渡槽的设计》
1961	湖南省水利电力厅农田水利局	《渠系附属建筑物定型设计》
1964	马汝霖、王家骅	《装配式钢筋混凝土薄壳渡槽定型设计》
1971	甘肃省甘谷县革命委员会、甘肃省水电勘测设计第一总队革命委员会	《安丰渠团结、胜利双曲拱渡槽工程简介》
	甘肃省临洮县革命委员会、甘肃省水电勘测设计第一总队革命委员会	《东风渠大碧河渡槽是怎样建成的》
1973	陕西省渭南地区石堡川水库工程指挥部	《86米跨度双曲拱薄壳渡槽》
1977	广东湛江地区水利电力局	《渡槽》
1978	四川省水利学校	《四川省黑龙滩水库渡槽倒虹管图集》
1979	福建省水利科学研究所	《石拱渡槽的拱式木拱架》

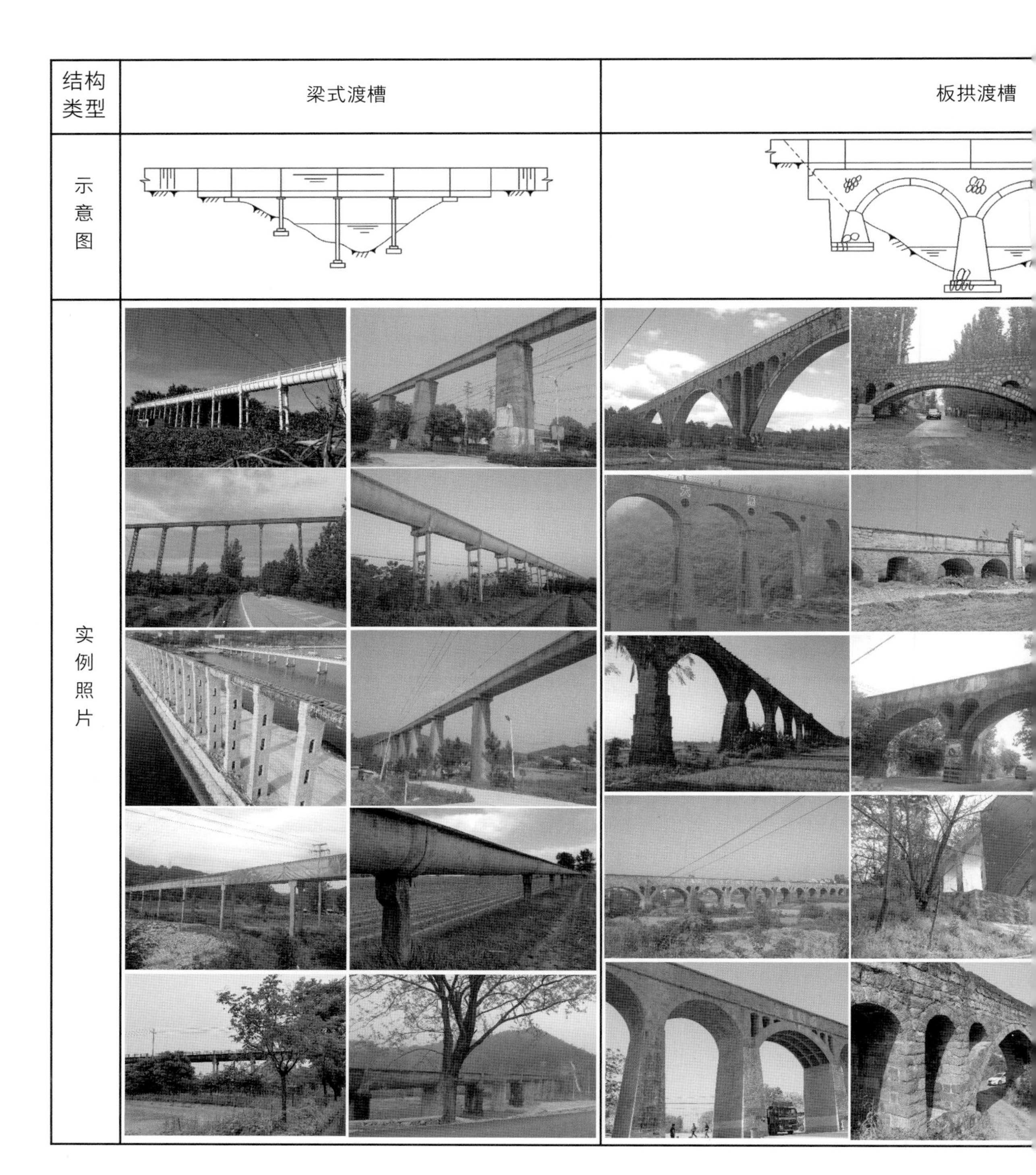

图6_3 渡槽结构类型示意

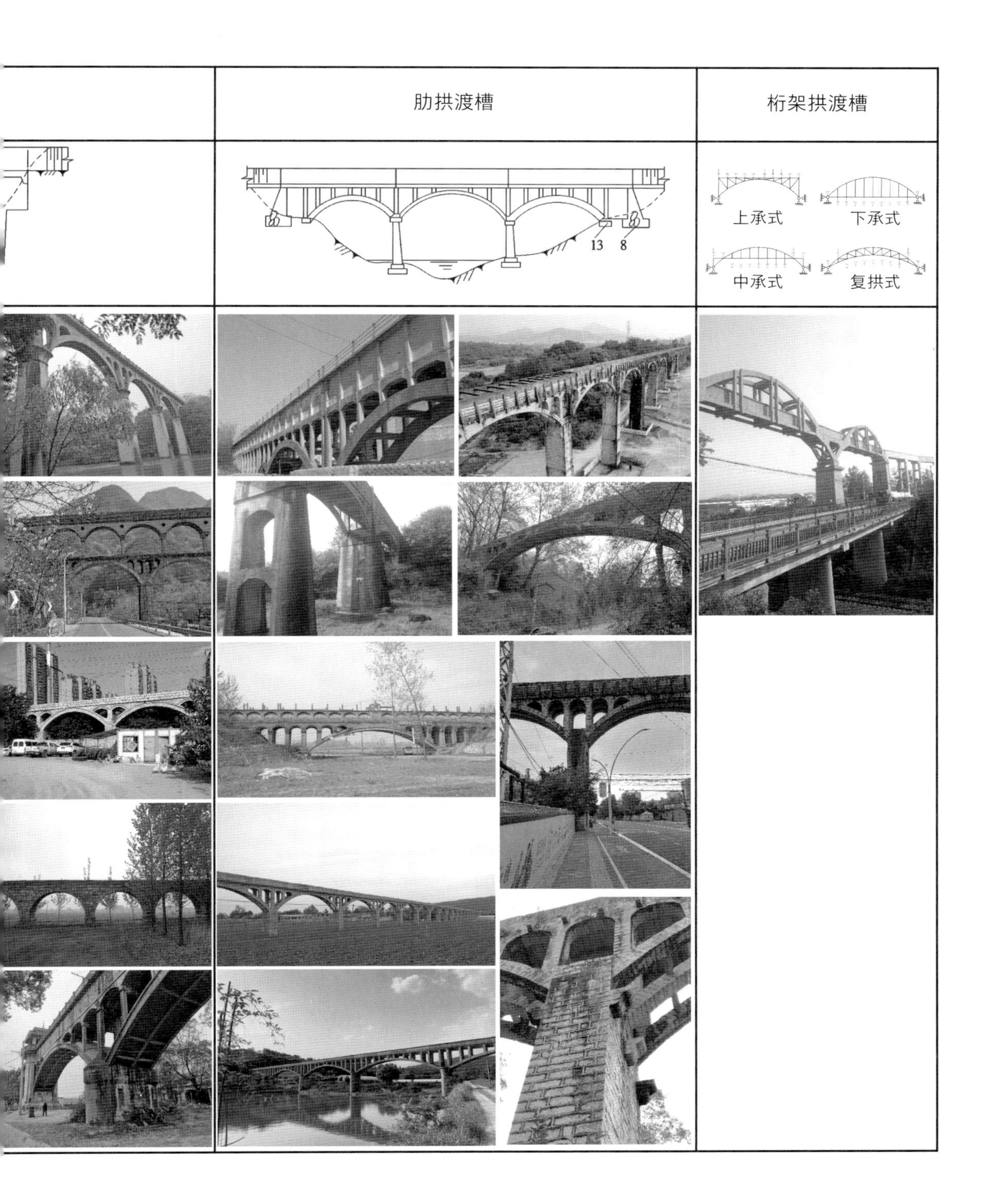
肋拱渡槽
桁架拱渡槽
13
8
上承式
下承式
中承式
复拱式

革命”前后，华中和华北山区多采用实腹渡槽，这种渡槽形态粗朴有力，但施工耗费人力甚巨。河南省安阳市跃进渠略早于红旗渠，始建于1958年，1977年竣工，因动工时正值“大跃进”时期，故名“跃进渠”。跃进渠群英渡槽为实腹板拱渡槽，据当地县志记载：“群英渡槽最大拱石1150公斤，8根杠子16人抬。”[1] 由此可见，该渡槽结构形式、建造设备和施工过程都较为笨重原始。浙江省天台县白鹤镇红旗渡槽建成于1980年，为变截面悬链线石砌空腹拱，由11个主拱和79个小拱组成，主拱跨度56.5m、槽身宽5m，形态轻盈舒展、雄伟壮观，有“天水飞渡”之誉。

肋拱渡槽的主拱券为肋拱框架结构，材料既可以是当地石材，也可以是钢筋混凝土，拱肋按一定间距设置横梁以加强拱券的整体性。由于结构轻、地方工厂可参与预制构件的生产，因地制宜的能力较为突出。通常在渡槽的核心券洞上会采用肋拱，以最大限度地增加跨度，如山东省济南市的东风渡槽有意识地加强了结构表现力。双曲拱渡槽的主拱券由肋拱、拱波、拱板和横梁（横隔板）等组成，可分块预制进行吊装施工，既节省搭设拱架所需的木料，又不需要较多钢筋，适用于修建大跨度渡槽。河南省淮滨县九里渡槽为双波双曲拱，山东省济南市东风渡槽为三波双曲拱，它们的跨距、柱身支座和用材差异较大，即便同样采用了双曲拱的结构形式，因所处环境各美其美，依然具有无可替代的地域特征。

桁架拱渡槽（arch-truss aqueduct）：以桁架拱或拱形桁架作为槽身支承结构的渡槽，构成了主拱券与拱上结构结合的整体结构，重量轻、造型现代感较强。湖南省长沙市春华渡槽竣工于1978年，为湖南省最长且依然在妥善使用的渡槽。在缺乏“三材”的年代，春华渡

1 安阳县志编撰委员会. 安阳县志[M]. 北京：中国青年出版社，1990: 36.

图6_4　湖南省春华渡槽与湖北省九棵松渡槽

槽受到了眷顾，采用了如长龙卧波的钢筋混凝土桁架拱结构，全长约2000m、高达25m，其新颖的形式一度成为各地技术人员观摩的对象；湖北省蕲春县九棵松渡槽受到了湖北籍老革命的直接关怀，在缺乏“三材”的年代得到了国家统配物资的关照，钢筋混凝土桁架拱渡槽“如骑上虎背”（谐音湖北），非常威武（**图6_4**）。

组合式渡槽（combined aqueduct）：渡槽若经过不同的山区地段，可以采用组合式结构，发挥各自的结构优势；同一渡槽也可以采用不同材料以发挥材料的协同性能。在材料较为充足的情况下，槽架和槽身采用钢筋混凝土建造最为适宜。为了节省钢材和水泥，有时会采用石砌槽架和钢筋混凝土槽身的组合结构；有时根据地形地貌条件，渡槽会分段采用不同的材料建造，如陆地段采用石砌拱结构，跨河段采用钢筋混凝土梁式结构（**图6_5**）。

图6_5　福建省云霄县、东山县交界处的八尺门跨海渡槽，两种结构体系的交接

从渡槽的结构发展上来看，拱式支承结构由实腹板拱向空腹板拱、肋拱和双曲拱发展，使得渡槽结构在保证安全的前提下更加轻盈、更节省材料。作为预制化技术的发展方向，U形钢筋混凝土梁式渡槽因其经济合理性而被广泛使用，生命力长盛不衰。

6.3

一位“老浙大”的经历

口述史有助于文化遗产的挖掘、整理与教育传播，甚至间接地影响对未来的预期。寻找合适的口述者，可以和既有的档案文献互为印证，是充实研究细节的途径之一。

李思普先生1936年出生，1957年进入浙江大学土木系河川571班，就读于河道枢纽水电站工程专业（**图6_6**），1962年毕业后被分配到现浙江省水利水电勘测设计院工作，在崔嵬的天台山留下了半生的足迹。几十年前，为解决夫妻两地分居的老大难问题，他从杭州调往台州工作，曾任浙江省台州工业学校（现台州职业技术学院）副校长。李思普是里石门水库干渠上的纽带工程——沓溪渡槽和红旗渡槽的设计负责人，这位老人的命运一直紧扣着时代的脉搏。

浙江省文物保护单位、1980年竣工的天台县红旗渡槽是点点繁星中的一颗明星。它西起新楼村、东至溪东村，曾为全国最长的多跨变截面悬链式石拱渡槽，全长797.5m，由11跨大拱和79孔小拱桥组成。西首槽头建有闸门房以控制过槽水量和上游泄洪的水流（**图6_7**）。[1] 有关这座渡槽的修凿，李思普于2018年留下了一段口述：

1 《台州地区志》编辑部. 台州地区志（征求意见稿）[Z]. 1980: 第十四章 水利.

图6_6　李思普先生（左二）1960年在参加实习

1973年我去天台参与修筑里石门水库的大坝，工程很复杂，民工开挖不了，也需要搞地质的专家，而我主要是指导修坝。1975年我在浙江省水利水电设计院设计了峇溪渡槽，大跨度的石拱结构，共5跨，36m一跨。县委书记觉得我是能干的，就想要我。我想了很久，因为夫妻分居，就说要到天台水利局来

图6_7 天台县红旗渡槽区位图

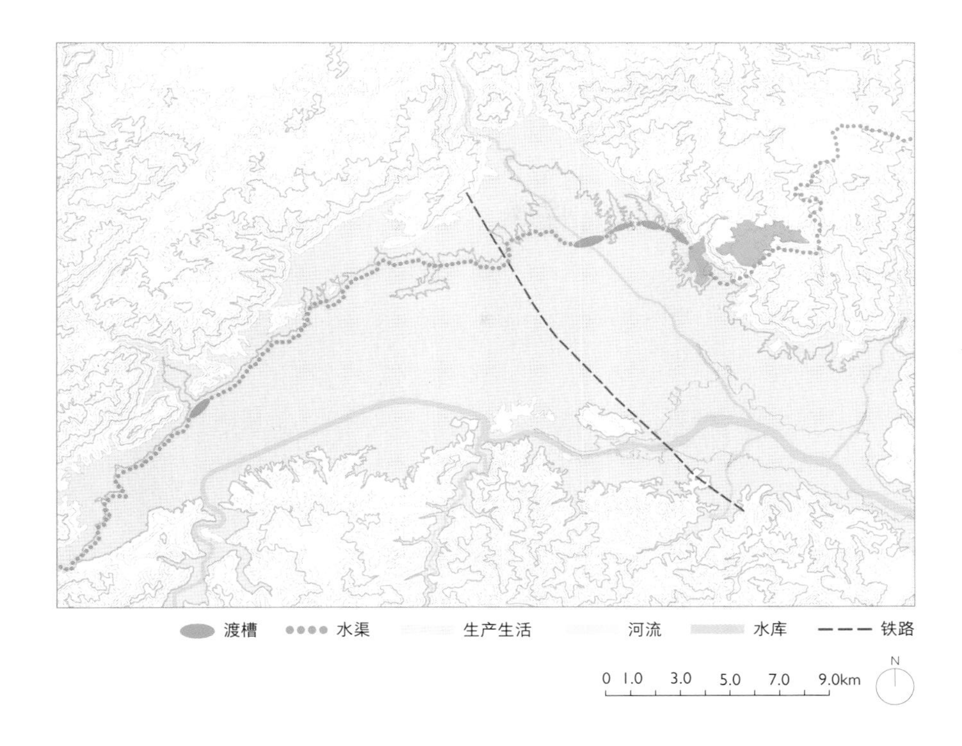

做技术员，解决两地分居。书记说：“一句话。”后来1978年我开始做红旗渡槽，设计方案当时需要去台州水利局报批，那里的技术干部也是浙大毕业的，审批的时候说我的设计不太行，是天台水利局建议做悬链式，成熟、有公式，（最终方案）是台州地区水利局陈叔香（后任华北水利水电大学教授）审定的。

渡槽1978年开工，到1980年完工，主要是秋天枯水期施工，旱季做了围堰、放空水，然后开始修筑。红旗渡槽需要80吨钢，每年省计划委员会的指标只有10吨，要等8年，还不一定能等到。当时的县委书记王寿德很有魄力，去天台山找材料，准备用自己的石料来做。做模板要大量木料，甚至比钢材还紧俏，就去天台的国营林场砍伐松木，大概1000方，这样也为林场带来了收益。我当时的工资56.2元，整个工程做下来当年石料、木头、开路、达松老师（音）的工钱，也就六七十万元。

双曲悬链的变截面下面是1m宽，到了上面的拱的高度是0.9m，做模板的时候就做出来了，为了省模板，当一个跨要造好时，下一跨的基础就要做了，这样拆下的模板就能重复利用。负责施工是达松老师，他带着有经验的泥瓦匠和石匠，还有红旗公社的社员。达松老师负责修筑石拱，水面以下的施工难度大，由他亲自指挥负责，出了水面就不难了，可以由其他人来做。外面拱券的石头是苍南的绿色石头，颜色可以和绿色的田地协调，但是石材量较少。槽身的石头硬度要求高，是浅红色的岩材，材料比较容易开采。大石头大概要半米宽一块，500 ~ 600斤（250~300公斤）。采石场在5km之外，从左溪岙运过来，为运输还修了一条路，然后一块块石头用小吊车吊上去。但是，不是所有地方都是大石料，等渡槽造好了，黄沙、水泥就按3:1混合成水泥砂浆在碎石料上勾缝，勾画粗大的石缝确实是在做假缝，好看和整齐一些。中部四跨“天水飞渡”四个字是县委组织部仿郭沫若的书法来写的。**（图6_8）**

渡槽的水源来自里石门水库，大坝也是我做的。建设成了以后台州附近的老百姓旱涝保收，而且多出来的水通过调节闸可以发电，卖给国家可以创收，当时是3分钱一度电。**（图6_9）**

档案应该保存在天台县的渠道管理处，包括计算书和图纸。[1]

1　2018年7月11日朱晓明电话采访。

图6_8 仿郭沫若字体的题字以及美观的仿石块勾缝

李思普的经历构成了一部45年前天台县重要水利工程的微缩历史。这种回顾依靠的是个体记忆，然而记忆可能是主观的而非客观的，会由于各种原因而模糊或被修改。只有记忆和各类证据相符，才可能作为一种知识形态被固定，现场踏勘和其他文献梳理是不可缺少的环节。

设计交底有助于控制成本、保证施工进度、合理地安排建设程序，一直要交到施工方法。水利工程涉及地质等部门的多学科协作，当年的技术人员不仅"下楼出院"深入现场，而且有些人从单位的归属上也是下沉基层的，每个项目都至少有县一级水利设计人员把关。天台县的水利管理单位拥有浙江大学毕业生，懂业务的技术干部有助于顺利推进工程。在决策层面，正如四川省眉县县长徐启斌、红旗渠之父"林县第

图6_9　汛期仍在发挥作用的渡槽

一书记”杨贵一样，天台县红旗渡槽也由县委书记王寿德直接拍板，一把手的魄力和担当总是相似的。公社权力沿着社－县－地－省－中央这一行政体系向上集中，公社虽然是人民公社一级的管理机构，但在主持大型水利项目的时候面对的是各个生产大队，下面千条线，上面一根针，最后决策还是要汇总到县委县政府。彼时县委书记和县长是负责立项与落实项目的关键人物，肩上担子很重，水利工程搞不好就成了“千古罪人”。大型水库由于投资巨大，兴建需要报批省里立项，通过“撸起袖子加油干”，里石门水库被列入了1973年国家建设计划（**图6_10**）。[1]

红旗渡槽如今是省级文物保护单位，对文化遗产有所理解的人会了解这中间凝结的干部、工匠和技术员的心血，遗产承载了文化自尊心和

1　《里石门水库志》编撰委员会. 里石门水库志[M]. 杭州：浙江人民出版社，2008: 88.

图6_10 里石门水库于1978年国庆竣工剪彩，剪彩者为王寿德

自信心。计划经济条件下物资调配速度很慢，工程从勘察、设计、备料、修路到施工要持续好几年。地方工匠从水利工程中可以获得固定的收入，其他社员通过修建水利设施也可以获得稳定的工分。把控技术难点的大石匠作用颇为关键，李思普尊称他为老师，并将达松老师的工资算在了总的渡槽造价上，想必当年“按劳取酬”，大石匠的工资在人民公社时期也是首屈一指的。在艰苦的小山村，李思普体会到工作上的满足感，遇到伯乐王寿德书记，在业务上有浙大校友相互切磋，他力争在建筑结构设计上向国内先进水平看齐。

在红旗渡槽之前，1972年四川省重庆丰都溪沟桥已创造出116m单跨钢筋混凝土拱的世界纪录，主拱券为变截面悬链线式，计算理论和公式均已经成熟。红旗渡槽根据地形设计成一系列变截面拱，拱顶宽0.9m，拱脚宽1m，在做木模板的时候就要精心搭设、分券砌筑，施工组织和实施是贯彻设计构思的保障。因地制宜、就地取材经常被学术界提及，是指能工巧匠善于利用当地各种自然资源进行建造活动。事实是，为运输木料和石头需要修筑道路，并非简单易行；找到足够的材料颇为艰难，也要凭借经验量体裁衣。李思普在选料上费了一番脑筋，主拱券及槽身所采用的石材很特别，它们是天台山特有的苍南绿色条石和大地林特产的浅红色岩材。前者数量少，更适合于制作拱券，材料规整且勾缝细腻，满足了垂直受力的需要，不仅物尽其用，而且与田野风光恰到好处地协调。渡槽是一座水利构筑物，它的审美考虑从精心选料、书法题字、施工勾缝上得以显现，构筑物中的美令人敬意油然而生。

6.4

石料在宗祠、渡槽、宅院间转移

水利工程的资金来源一般有国家投资、贷款和群众自筹，除“三材”需要由有关部门调配供应外，绝大部分砖石、黄砂、白灰、铁件都要由地方建筑材料企业生产或群众自制，社队建窑烧砖、办炸药厂等是发展经济的主要途径。在福建省云霄县向东渠渡槽的修凿中，打石小组合计加工石料74.86万立方米[1]，相当于在机械化程度很低的施工条件下，打凿石料近200万吨。渡槽营造承载了地方匠人的心血和手艺。

石材较为丰富的地区会直接爆破山体以开采花岗岩、片麻岩，石材不足的地区则会考虑拆除庙宇、祠堂，因此在许多村庄中可以观察到一个现象：破“四旧”拆除宗祠或祖墓时获取的石料被用到了渡槽建设上。湖南省茶陵县为修建月岭下渡槽，拆除祠堂、庙宇、民房近100栋[2]。广东省佛山市松塘村为中国历史文化名村（**图6_11**），村落文风鼎盛，仅明清就涌现出5位进士。根据现场的宗祠挂牌介绍，20世纪60年代为修筑岗田渡槽，拆除了一座宗祠的后楼以快速获取砖石。佛山具有浓厚的民俗信仰，乡村水网如织，一座具有“翰林村”之美誉的聚落都能转天换日地拆掉局部宗祠，何况一些严重缺水的乡村呢？而当十多年后渡

1　李文庆. 向东！向东！向东渠引水工程回忆录：15.

2　茶陵县档案史志局. 茶陵县乡镇社会主义发展简史1949—2004[Z]. 2001.

華山喬木千章秀
華山永保宗支盛
恭賀
新禧

槽废弃坍塌，这些材料又被村民搬去建造自家宅院，尽管在现在看来，石料算不得什么名贵建材，但对于广大乡村地区而言，使用石料仍是比较奢侈的事。当建材具有稀缺性时，它便具有了象征意义。历史上类似的事情并不鲜见，例如朱温拆了长安宫殿将金丝楠木投入渭河并在洛阳捞起重建宫殿，稀缺建材在空间上的转移即反映了王朝的更迭、权力重心的迁移。

在乡村，宗祠、渡槽、宅院作为不同的焦点，恰好对应了三个不同时期：传统宗族管理时期、人民公社时期、包产到户时期。传统村落中宗祠的地位无需过多阐述，它作为村庄的政治文化中心，筹建时使用上好材料是毋庸置疑的。当宗祠的拆除伴随着渡槽的拔地而起，石料也从前者转移到后者时，渡槽便在一定程度上替代了宗祠。渡槽断了，不会再将它修造起来，因为乡村的生活中心和精神寄托已经从渡槽转移到了普通民居。因此，石料作为渡槽的物质组成部分，它的来处与去向，最终描绘出的是不同时期乡村精神重心的变迁轨迹。

图6_11　2022年
佛山松塘村的元宵节

7

回声

7.1

工程体系的“涌现”现象

中华人民共和国成立后，根据苏联经验快速形成了科技组织体系“五路大军”，沿着“主管部门—部属企业/研究院—部属大学/职业学院—地方性教育/研发机构”的轨迹发展，核心是集中力量办大事。“五路大军”依次是：

①高等教育系统。该系统对苏联科技政策和教育制度都有一定的传承，苏联模式教育的目标是培养专门化的工科人才，偏重学习工程技术。高等教育系统以工学、农学、军事等大类建构格局，1952年通过高校院系调整成立了以水利、建筑、交通、能源等为主的工科类院校。

②国家、省级科学院系统。中国科学院是我国科技工作的最高研究机构。早在1956年，中国科学院水利部水土保持研究所就已成立，它是中国科学院在西北地区建立的第一个科研机构。1958—1959年间，中国科学院在全国各地共建立了300多个分院。

③各个行业内的研究院和设计院。各部委均有直属的设计院，这种专门化在计划经济时代有效率和资源方面的优势，如浙江省水利水电勘测设计院的很多毕业生来自浙江大学等名校，他们下沉到基层开展工作。

图7_1 丁一林油画作品《科学的春天》(2009)

④省、市、县级各类地方专项研发及教育机构。为便于地方与国家进行联合攻关，各地陆续成立了水利科学研究所、农田水利研究室，有助于全国性基础资料的长期积累。

⑤国防科技系统。直属于国防科工委（即原“中华人民共和国国防科学技术工业委员会”），为国家重大技术装备的研发集结了顶级的生力军，以确保国防和国家主权的独立，推动高端制造业的发展。

五路大军纵横南北，展示出中国传统的集体主义精神，带动了工人、科研人员、管理干部的流动，并快速地推动了国家战略目标的实现，对任何技术发展历程的评述均无法脱离此总体背景。在此科研体系下我国科研教育领域出现了技术创新的“涌现”现象，它最早在1923年生物学家摩根（Conway Lloyd Morgan，1852—1936）的名著《涌现式进化》中被提出[1]，即当一个系统内个体数量急剧增加的时候，整个群体突然衍生出新的特征，正如一滴水、一片汪洋都是由水组成的，所呈现的特性却大不一样。正是这一体系在科研、实践和教育之间建立了强大的联系，系统的协同和整体运行才造就了这些技术创新。

学术研讨会、各类评奖扮演了国家、技术专家和劳动者之间桥梁的角色，1978年后此类交流活动更为兴盛，《科学的春天》表现的就是当时全国科学大会的盛况（**图7_1**）。从获得过省级以上科技奖励的渡槽可以梳理出技术发展的脉络：计算原理、施工方法和结构形式创新是三个主要方面（表7-1），其中后两者占比优势显著，着重解决了实践中遇到的巨量难点。

渡槽建造的技术价值是在其建造期奠定的，“变化”和“积淀”可能涉及应用价值的下降或认识价值的上升。乡村高架石拱渡槽符合利用地方材料实现大跨、高墩的技术发展方向，在福建、华中等地使用广

1 Conway Lloyd Morgan. Emergent Evolution[M]. London: Williams and Norgate, 1923: 2.

泛，但今天它的应用价值已大大降低，甚至不再采用。与之对比，南方的技术研发所产生的持续应用价值在既往研究中被忽视。1964年，经过反复实践，广东省湛江市积极展开了U形预制装配式渡槽的试制，乡村渡槽的施工速度和施工方法都令人耳目一新，“自1964年10月U形薄壳渡槽在我专区（湛江）试制成功以来，很受群众欢迎”；“我县（浙江象山县）从1976年开始建成了近200跨的预应力薄壳渡槽，取得了较好的经济效果”；“农田水利工程中有大量中小型渡槽，预应力混凝土渡槽施工工艺简单，更是乐于被群众采用”。研发通常从一系列独立的、迫切需要解决的技术问题开始，而不是寄希望于庞大的、等级制的整体推动，节约“三材”、施工中遇到的挫折形成了密集而复杂的攻克重点。“文化大革命”后，1980年10月在河南省伊川县举行了“全国U形薄壳渡槽科研会议”，会议建议改进U形薄壳渡槽的结构计算原理，提出使用有限单元法按空间结构、用折板法按壳体理论进行设计，并用CJ-709电子计算机首次进行了编程运算。[1]

采用计算机辅助设计强化标准化，预示着设计、材料运输、施工管理的科学化趋势。在节约“三材”的政策废止后，U形薄壳结构的理论至今适用，预应力预制化U形薄壳渡槽在南水北调等跨流域重点工程中普及。理论方面的创新才是根本性的，工程理论只有与设计假设保持一致，才能为实践型的工程师提供便捷、长期的工具。当时面对巨量的实践需求，中国这方面的理论储备整体上并不十分充分，在此背景下将U形薄壳结构理论作为渡槽的突破点就显得难能可贵。

1 顾建国. U形薄壳渡槽设计的重要突破[J]. 水利水电技术，1985(11): 5.

表7-1 获得各级科技奖的渡槽概略表
表格来源：根据各类志书整理

成果名称	地区	获奖时间	奖项	获奖单位/人员
高架石拱渡槽	四川省威远县	1971	威远县级科技成果奖	四川省威远县水电局
砌石斜墙渡槽	四川省蓬安县	1978	南充地区科委三等奖	四川省蓬安县水电局勘察设计股
万龙双曲拱渡槽	广西壮族自治区玉林市	1978	全国科学大会科技成果奖 广西科学大会奖	不详
下承式桁架拱渡槽静载试验初步报告	山东省栖霞市	1978	山东省科学大会奖	山东省栖霞市水利局、山东省水利所
U形薄壳渡槽折板分析法	湖北省武汉市		水电部科技成果三等奖	武汉水利水电学院
渡槽木拱技术（向东渠大型石拱渡槽设计）	福建省	1978	全国科学大会奖状 福建省科技成果奖	不详
乌石江渡槽	湖南省郴州市	1978	全国科学大会奖 湖南省科学大会奖	湖南省郴县水电局邓维琪、何锡瑚，地区水电局高镜波
引丹灌区排子河渡槽	湖北省襄阳市	1978	全国科学大会奖	湖北省水利勘察设计院
桁架拱渡槽计算理论及试验研究	山东省	1979	山东省科技成果奖	山东省水科所、华东水利学院
益都县张庄百米跨双曲拱渡槽无支架缆索吊装技术	山东省益都县	1979	山东省科技成果奖	山东省益都县水利局、山东省水利学
马鞍形钢筋混凝土薄壳渡槽	广东省	1979	广东省科学大会优秀成果奖	何家骧
少筋无筋混凝土渡槽	广东省茂名市电白县	1979	广东省科学大会优秀成果奖	广东省电白县水利局
伊河渡槽大跨度少筋U形薄壳槽身试验	河南省伊川县	1979	河南省科技成果奖	河南省水利厅、武汉水利学院、伊川伊河渡槽工程指挥所
桁架拱渡槽转体施工	四川省犍为县	1981	四川省科技成果奖	四川省犍为县水电局

7.2

科学还是技术?

耶鲁大学政治学教授詹姆斯 · C. 斯科特（James C. Scott）曾针对极端现代主义提出批判:“本应有多个发明和变化的源头，被单一的计划权威取代，社会生活中的弹性和自主被指定、固定的社会秩序取代。”[1]

他所批判的巨型项目每天都在世界上的很多地方上演，这番议论自然引起了共鸣。只要是大型水坝的兴建计划，背后都有更大的政治目的，政府喜欢水坝所带来的活力和决断形象，显示国家能为社稷福祉而征服河流。[2]

渡槽在特定年代曾出现爆发性增长，也成为下沉乡村的国家形象，国家通过建筑语言与内部和外部的世界进行对话。1974年中华人民共和国参加联合国大会放映的影片是《红旗渠》，干旱的乡村通过种种努力有了持续的水源，如果适度，这是一种文明。如果一个小乡村都能如此凝心聚力，可想而知，彰显国家力量之时，万众一心、声振林木，将会创造怎样的奇迹!

水利直接反映了人与国家的关系，人民公社时期的水利工程属于覆盖面广泛的巨型尺度项目，它值得放置于“五路大军”视角下去审视。“五路大军”形成了教育、研究、实践的技术运作体系，基于“三结合”与

1 詹姆斯 · C. 斯科特. 国家的视角——那些试图改善人类状况的项目是如何失败的[M]. 王晓毅，译. 北京：社会科学文献出版社，2019: 210.

2 约翰 · R. 麦克尼尔. 太阳底下的新鲜事[M]. 李芬芳，译. 北京：中信出版社，2017: 3.

节约“三材”等约束条件，促成了管理者、技术人员和社员之间的联络，人们之间鲜有竞争，那时只想修好渡槽和渠系。人才在革命的自觉性这一政治号召下开展流动，向基层下沉乃至下放，莽莽群山、霭霭云霞，技术人员千里万里奔波于偏远乡村的工地，付出了一代人的青春韶华。

在一个个大型乡村水利设施的兴建中，社会组织中的参与主体无论是社员、专家还是县长都不存在动机上的矛盾，整个技术体系是为保证地方农业的发展独立运行的。由于目标和结果高度一致，基于整体协作的技术成果不断涌现，这得益于社会规划中的理性的系统设计。灌区想创造出永恒的构筑物，客观上令知识分子接触到大量实际问题，懂得了要综合民间智慧与科学原理两套知识体系的道理，人才、知识和施工协作模式成为留给今天的宝贵财富。如果受限于西方文明的学科分野，将不能很好地认识当时中国政治、环境和社会经济条件下乡村水利建设的确切定位。

“大兴农田水利设施”诞生在政治方针和具体国情之下，当计划经济退出历史、市场经济逐渐确立之后，“逼水上山”造成的自然系统和社会系统的矛盾很快显现出来。这种矛盾的形成也体现了“五路大军”中科学和技术之间的矛盾。科学以理性的视角对待客观世界，科学研究需要提出正确反映了客观世界的现象和运行规律的问题；技术是在科学的指导下，将知识用于某类实践。科学重“理”、技术偏“用”，两者相互渗透又不能混为一谈。“五路大军”在20世纪50—70年代从事的乡村水利工程有组织地综合了多门类技术，工程关注“做出了什么”，往往加强的是推动工程落实的执行力度。然而，探究“人-地”的整体关系是一项长期且艰巨的科学研究，水利工程具有除害兴利的目的性，它寻找的是自然界中系统性的内在规律。科学研究包括常说的“试错”和

“纠错”方法，一些科学问题甚至只需要常识性的认知就可以从教训中获得反思，而当时中国的决策往往受到单一价值观的影响，政治和社会环境对提出科学问题造成了直接的影响。符合科学发展规律的水利设施才能持久地发挥作用，如符合科学原理的节约“三材”经验具有普及推广价值，反之，大量渡槽无法实现对预设农业增产目标的持续优化，涌现现象就会按下暂停键。

7.3

有意为之的“纪念碑”

在《韶山灌区》中有一段描述：“韶山银河渡槽进口游泳池即紧接渡槽出口的樟木山两处分水，蜿蜒于波状丘陵之间，经过提水逐步升高，把滔滔涟水送到群山环抱的红太阳升起的地方——毛主席旧居上侧池塘，再流入毛主席少年时代游泳过的池塘，灌溉韶山、永义和银田三个公社的农田……”[1]银河渡槽属于“三湘分流”渡槽之一，它经过特殊的规划设计，绕道左右干渠的分水枢纽之上，通向毛泽东旧居湖南韶山，具有精神文化意义上的纪念指向性，即李格尔所说的如凯旋柱、金字塔一样的“有意为之的纪念碑”（**图7_2**）。渡槽命名除了涉及前缀地名外，均不约而同地采用了一些关键词，如愚公、红旗、东风、胜天、胜利、团结、友谊、跃进、前进、人民。渡槽命名可以制造出时间感，

1 湖南省革命委员会水利电力局. 韶山灌区 第1分册 规划[Z]. 1976: 14.

图7_2　韶山三湘分流渡槽中的银河渡槽

图7_3　云霄县八尺门渡槽上的承建公社、大队名称

“白天喊声连成片，晚上灯火照山川”的写照犹在。福建省云霄县向东渠高架石拱渡槽的槽身上镌刻着承建公社、大队、青年队的名字，是当年分段施工、保质保量的铭牌（**图7_3**），工匠的签名别具匠心，既有繁体字，也有拼音；既有篆字，也有大楷；最终统一用浅浮雕的手法精心雕刻、描摹建设者的身份，以饱含感情的方式赋予水利工程有关根的联想。

学者陆地评述：“李格尔认为，现代以来，人们着重保护和认识的是无意为之的纪念碑（unintentional monuments），原本不是为纪念意义而设计，如今却成为了遗产对象。”[1]由此来看，千万座乡村渡槽虽承担着水利设施的使命，并非纯粹为了“纪念性”而修造，但是它自诞生之日起，即关注可识别性（identity），因此可以称之为“有意为之的纪念碑”。渡槽的修建承载着丰收的期盼，也传递出捍卫或扩大尊严的权力意识，通过集体上工、劳动号子等仪式嵌入每个村民的生活感知之中，在劳动成果的呈现中达到仪式高潮。

1　陆地. 建筑遗产保护、修复与康复性再生导论 [M]. 武汉：武汉大学出版社，2019: 68.

灌区的划定受限于自然和技术条件，灌渠的输送距离和覆盖范围与水源的位置和数量、不同地域的蒸发强度、设备设施的先进性都有关系。就算是最低一级、覆盖不到1000亩农田的灌区，也至少对应了公社大小的范围。而那些覆盖上万亩的中型、大型灌区，往往对应的是县域乃至跨县的空间尺度。当村民们把它与粮食产量联系在一起时，渡槽获得了第一层象征寓意——一种安全感；当村民们知道，那更高一级的工程组织者是县委、是国家的时候，渡槽便获得了第二层象征意义：国家信用。

国家信用是以国家为主体进行的一种信用活动，是国家因履行诺言而取得的民众信任。国家信用分为国际信用和国内信用，当时因国门长期不开放，主要表现为国内信用。在“一穷二白”之下，国家以公有制为信用基础向全社会举债，信用变现依靠计划经济体系下的资源和人力再分配所获得的回流和增值；信用拓展则靠的是获得广泛认同的人民公社集体观念。人民公社制度设计的出发点是基于国家信用，通过上下一致来调动所有社员的力量，社员为了建设美好的生活，曾“自觉、紧张和愉快地劳动”。渡槽这一有意为之的“纪念碑”代表了国家因“水”在乡村产生的威望，超越山河地域，成为寄托了“幸福之水万年长”的历史丰碑。

7.4

乡土工业遗产

乡村渡槽可以被纳入乡土工业遗产的范畴。有些乡土工业建筑仅仅是遗存，是过去形成的位于乡村的工业建筑。不过，经过历史、技术、审美价值的甄别后，一些特殊的乡土工业建筑遗存可以上升为乡土工业遗产。按照《乡土建成遗产宪章》中的部分界定标准，乡土建筑（built vernacular）包含了一个群体共享的建筑方式、通过非正式途径传承与建造的传统工艺等内涵[1]。反观人民公社时期的乡土工业建筑，在设计和营造上体现出与国际上“乡土建筑”不同的中国特色（**图7_4**）。它是在中国广大乡村基于节约“三材”的政策指导下设计建造的农用设施，包括与生产系统关联的各类环境要素，具有工业建设规范与地方性资源相结合的各种架构。原本以为乡土建筑是“没有建筑师的建筑”，乡村渡槽是工匠所为，但事实上，大型工程施工作业要求技术分工与高度组织化，举国上下大型渡槽设计均有技术人员参与。知识分子向农民开展技术指导，又将土专家的经验上升为科学方法，最终完成与施工现场建造活动的无缝衔接。

工地上还有一些能工巧匠，他们从体力劳动者转变为技术发明者甚至是培训老师。在福建云霄县杜塘水库的建设过程中，木工杨镜坤（1935—1995）通过简单改良，造出了进化独轮手推车。在严重缺乏

1 谭刚毅，贾艳飞.历史维度的乡土建成遗产之概念辨析与保护策略[J].建筑遗产，2018(1): 22-31.

图7_4　人民公社时期乡土工业遗产的构成

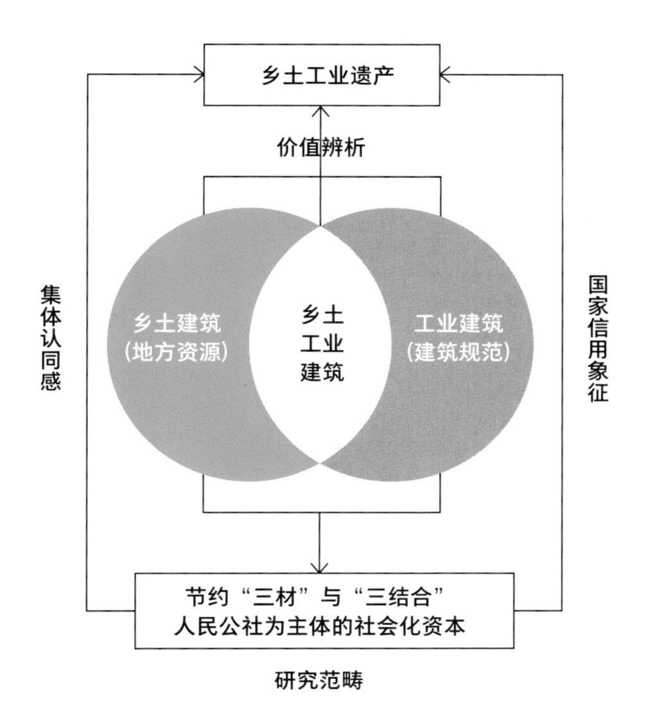

机械化设备的年代，这类工具改革大大减轻了繁重的劳动量。1958年，年仅23岁的劳模杨镜坤赴京参加了全国水利建设技术革新成果交流会[1]，将这一来自民间的经验在国家平台上普及推广。渡槽建设还强化了组织体制，犹如构筑了工程总承包的雏形，设计、施工、采购为一体。改革开放后，包括杨镜坤率领的队伍在内，很多乡镇的施工团队带着乡村水利建设中的经验和人才“闯出去”，涌现出大量颇具实力的工程公司。乡土工业遗产在建造活动中蕴含着角色分工，承载了丰富的社会性。

典型的渡槽属于人民公社时期大兴农田水利设施留下的乡土工业遗产。它不是孤立存在的，而是与大到渠系、小到施工设备一起构筑了

1　福建省云霄县委员会文史资料委员会. 云霄文史资料（第十四辑）[Z]. 1995: 25.

一种独特的工业遗产体系类型。它的时间节点特殊，是承上启下、计划经济转轨市场经济时期的工业建筑载体，今天所面临的问题和机遇本质上是对中国当代社会、政治和经济变迁的一种回应；它的位置特殊，与铁路线、主要农业产区和村落紧密相连，规模和形态表现突出的渡槽与乡土村落的品质有着强关联，顺着这些渡槽可以找到值得挖掘的聚落载体；它的建设者身份特殊，施工单位和产权人往往是高度统一的，这些老人目前尚健在，与他们互动仿佛回到历史现场，为见人见物的研究提供了有利的条件；最后，渡槽的设计建造既富有代表性也较为特殊，体现了下沉地方的广大技术人员在县一级建设中发挥的作用。工程师凭借优良的专业素质在基层奉献了在地的解决方案。“五路大军”中的绝大部分人不是名师，“没有建筑师的建筑”意味着乡土建筑是无名氏设计的，但在中国当代乡村另有含义：默默无闻的工程技术人员们是乡土工业遗产的创造者之一。

7.5

水利风景

风景的“景”呈现出山水植被等自然要素与铁路、建筑物等建成要素的组合关系，“景”中蕴含着情感与审美感知，主要以视觉效果加以呈现，国内外也有声景、嗅景的论述。“风”关注视觉效果所呈现的格调，有格调的地方能成为景区、景点、打卡地，但随着时间的推移也容易被模仿。“风”不能被轻易改变和模仿的是地方感（sense of place），它显示出差异性和多样性，但也存在共性，渡槽在统一的建设观念和组织体系，以及由此产生的多样化成果方面，提供了地方感的讨论空间。

人文地理学者段义孚指出，人类对自然景观有自身特定的理解方式，即将自己的身体和景观进行对应，比如赋予山脊、峡口以特殊的情感意义。这说明地方感融于一方水土，是人群活动、景观以及联想共同构成

图7_5　与地方感关联的风景要素

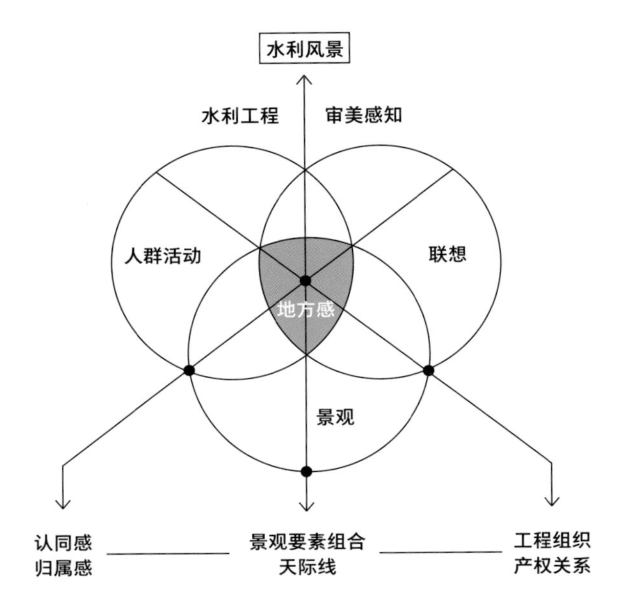

的有关地方的感知（**图7_5**），同时地方感又超越了某一地的地理和时间边界，获得了更多人有关家园或理想的认同。地方感立足一地、超越一地，对芸芸众生而言，它往往与审美感知、联想和认同感相伴相随，谁能认同“穷山恶水”是具有地方感的呢？

风景可以塑造，美的风景受到了主观感知和有关美的客观规律的双重影响。水利风景是诸多风景类型中的一类，是基于水利工程，通过人群活动、联想、水利设施要素与自然地形等相关要素组合构建而成的地方感的载体。渡槽的重要形象特征包括高墩、大跨度、结构自重轻、韵律和力量感，以及视觉冲击力，它们符合美的规律，在各种工业构筑物中具备独特审美品质；但这还不够，审美是“自然、建成物与感知之间的关系”，乡村渡槽的形象美与工程技术美如果要被人感知到，进而成为审美对象，需要通过景观组合来体现，正如它的工程组织依赖多种力量的协同一样。生产功能是水利风景审美的核心，观光功能是附属的，因此渡槽的灌溉作用是最值得保护、利用的点，应该将围绕渡槽的各种劳动的美呈现出来。这种水利风景是工业体系下的水运输设施与普通人日常生活在时空上的组合与统一：水的运输体系要求速率和连续，而日常生活也是稳定和连续的。一个横跨农田的渡槽与下方田间劳作的村民或者游客在微观上互不干涉，却又在宏观上息息相关。一个跨越铁路线的渡槽展示了农业和工业的不同维度，水利工程突破了时间和空间的隔阂。具有历史价值的渡槽与乡村环境、日常生活构成了辩证统一的美学关系，在社会价值上彰显出集体凝聚力，在科学和艺术价值方面激发出人们有关现代乡村审美的情感，并由于农业及其连带产业形成了更深的空间理解和景观审美意义（**图7_6**）。当大量渡槽不再发挥输水功能之后，其自然美和工程技术美将越来越凸显。

地方感伴随着联想和认同。乡村渡槽以国家信用为担保进行工程组织，通过物尽其用延续了具有地方感的审美认同，这种视觉上的感知通过联想扩大，超越了一方水土的时空范围。渡槽或连接山头，或跨越河流和道路，或悬于农田和庙宇之上，村民们或许每天都能看见，也可能亲自参与过建造，但常年在村庄范围内活动的他们，不一定知道“天水飞渡”来自何处，通向何方，毕竟位于山中的水库水坝源头也隐匿在常人视线之外。足以想见，当灌区和渡槽带来了前所未有的生产稳定和生活安宁时，人们抬头望见这巨构横跨于半片天空，景观与人群活动之间更深远的奇妙关系便被渡槽揭示出来。

渡槽并非一家一户可以完成，曾具有共有产权的属性，它的使用功

图7_6　河南省
新县陈河水库渡槽

能、所构成的天际线都包含了共有产权的特征。产权关系是社会关系中的关键环节之一。昔日，基于共有的产权关系，诞生了充分的、有使用者和产品的社会合作体系。当这一产权属性发生急速变化的时候，便意味着土地利用、管理模式、人的活动甚至归属感的改变。今天的中国乡村正在发生巨变，来自乡村之外的新力量介入乡村振兴成为常态，城乡交流产生了人群活动、新功能乃至土地产权变更诉求，情况变得更加复杂微妙。在这种情况下，作为乡土工业遗产的乡村渡槽价值亟待甄别，更需要有重点地加以保护，任何新的工程都不应干扰它们在乡村景观组合中作为水利风景而存在。当人们走在渡槽旁边或者走上渡槽，以另一种视角观看乡村时，就要以一种延续的、富有社会关怀的态度来探索渡槽再利用的可能性。由于乡村渡槽的存在，不同高度的景观组合成为可能，由此而形成的有历史和审美意义的天际线，便具备了有关凝聚力和归属感的联想。以渡槽为线索延展出审美感知、联想和认同的线索，有风景的地方才有可能带来新的经济模式和传统产业复兴。

天地间有大美而不言。渡槽如桥一样，将水利风景聚拢过来，人们或慢悠悠地、或急匆匆地上路并在风景中到达对岸，障碍消弭（**图7_7、图7_8**）。

图7_7　大理泸沽湖之畔渡槽映衬下的天际线

图7_8　景德镇
瑶里古镇“瑶水飞渡”
渡槽水渠

图片来源

1 文献见证

图 1-1：引自孙国岐个人画册《孙国岐》
图 1-2：朱晓明摄
图 1-3：引自华揽洪《重建中国：城市规划三十年（1949—1979）》
图 1-4：书影
图 1-5：向鹏摄

2 不尽江水滚滚来

图 2-1：吴杨杰摄
图 2-2、图 2-3：书影
图 2-4：引自国家基本建设委员会《中华人民共和国建筑》
图 2-5、图 2-6：朱晓明摄
图 2-7：左图引自福建省水利科学研究所《石拱渡槽的拱式木拱架》；右图引自李文庆《向东！向东！向东渠引水工程回忆录》
图 2-8：王霞飞绘制
图 2-9：吴杨杰根据台湾“国史馆”资料绘制
图 2-10：姬晨宇根据“91 卫图”绘制

3　灌区与风貌

图 3-1：王霞飞根据水利部农村水利水土保持司等《中国灌区》重绘
图 3-2：山东打渔张引黄灌溉管理局提供
图 3-3：崔燕宇摄
图 3-4、图 3-6、图 3-7 左：王霞飞绘制
图 3-5：引自湖南省革命委员会水利电力局《韶山灌区第一分册规划》
图 3-7 右：朱晓明摄
图 3-8：赵逵摄
图 3-9：姬晨宇绘制
图 3-10：引自河南省科学院地理所《新乡地区灌溉图集》

4　天水飞渡

图 4-1~ 图 4-3、图 4-14、图 4-15、图 4-16（根据《云霄县农业区划图》）、图 4-19~ 图 4-21、图 4-31、图 4-39、图 4-40、图 4-42、图 4-45、图 4-46、图 4-50、图 4-51、图 4-53、图 4-55、图 4-57、图 4-63、图 4-69、图 4-72、图 4-78、图 4-79：姬晨宇绘制
图 4-4、图 4-5、图 4-7、图 4-9、图 4-11、图 4-12，图 4-36、图 4-41、图 4-49、图 4-56、图 4-61、图 4-62、图 4-64 下：王霞飞摄
图 4-6、图 4-8、图 4-10、图 4-34、图 4-47、图 4-64 上、图 4-66 左、图 4-81、图 4-83、图 4-91：王霞飞绘制
图 4-13：引自戴风林《白莲河水库志》
图 4-17：引自向东渠历史档案
图 4-22：来自 Google Map
图 4-23 上：引自向东渠历史档案
图 4-23 下：吴淑瑜摄
图 4-24、图 4-29：赵颍绘制
图 4-25~ 图 4-27、图 4-30：何崴摄
图 4-28：赵颍摄
图 4-33：吴杨杰摄
图 4-66 右：引自新华社《虎头山收工归来》
图 4-67：薛岩摄
图 4-68：引自呼和浩特郊区水利志编撰委员会《呼和浩特郊区水利志》
图 4-84~ 图 4-89：向鹏摄
其余图片均由朱晓明摄

5　农业生产组织“变身”施工单位

图 5-1~ 图 5-4：赵颍绘制
图 5-5：姬晨宇绘制

6　工程角色

图 6-1：朱晓明、王霞飞绘制
图 6-2、图 6-3：王霞飞绘制
图 6-4：左图引自《澎湃新闻》；右图由王霞飞摄
图 6-5、图 6-8、图 6-9、图 6-11：朱晓明摄
图 6-6：李思普提供
图 6-7：姬晨宇绘制
图 6-10：引自张杨勇《用老照片讲述天台故事》

7　回声

图 7-1：引自中华人民共和国文化部、中华人民共和国财政部《国家重大历史题材美术创作工程作品集》
图 7-2：引自湖南省革命委员会水利电力局《韶山灌区第一分册规划》
图 7-3、图 7-8：朱晓明摄
图 7-4：姬晨宇绘制
图 7-5：朱晓明、王霞飞绘制
图 7-6：王霞飞摄
图 7-7：赵颍摄

后记

为什么会想到研究渡槽呢?

十二年前，同济大学建筑与城市规划学院黄一如教授主持了科技部“十一五”项目，是有关新农村建设的，我有幸参与了调研工作。在调研选点的时候，很自然地想到了山西省昔阳县大寨，20世纪70年代它曾经是全世界闻名的乡村。大寨之行收获颇丰，我和研究生薛岩一同拜访了“铁姑娘”宋丽英老人，她当时提到“文化大革命”后期修建了团结沟渡槽，并称有解放军参与，设计人员来自昔阳县水利水电局。原本以为乡村建筑是“没有建筑师的建筑”，渡槽是乡土营造的工匠作品，初闻有技术员参与，有些出乎意料。此行还途经位于河北、河南和山西三省交界处的任村镇，这座古镇位于红旗渠工程的渠首，宁静而衰败，但从民居石质柱础和房屋石勒角上的斧痕可以看出脉理清晰的技艺。我们意识到，离开这些能工巧匠，红旗渠是造不成的——渡槽是有关人的故事。

时光静默如流水，真正启动人民公社时期乡村渡槽的研究是在2018年。我和研究生王霞飞在河南省新县杨达怀县长、中国古村落保护委员会秘书长张安蒙老师的支持和鼓励下，先后对河南省、湖北省的渡槽进行了调研。在此后的四年中，乡村渡槽犹如连线的风筝，我出差到任何一座城市都要设法驱车探访她，许多研究生参加了对12个省区市渡槽的现场调查，特别是研究生赵颖在人民公社的分析方面具有持续的积累。本书所呈现的渡槽经过了精挑细选，以便反映它们各自的地方性特征，这些乡村渡槽无论是极少量还在使用的，还是诸多废弃的，都从或简单或复杂的匀称中指向了韵律，地方材料强调了内在结构的有机性。渡槽有的伫立在油菜花田中，有的与紫色的泡桐花相伴，有的与挺拔的大白杨并肩而立，所遇之物使我们多了一份对节气和场所的感知——神州大地的壮美。

研究逐渐连点成线，可以聚焦于个体，也可以聚焦在社群、事件和其他对象上。本书试图讨论20世纪50—70年代我国“三材”短缺的背景下，工程体系如何通过“三结合”落地普通乡村，渡槽又是如何赋予了人们因水而生的安全感，带来了国家信用嵌入乡村的巨变。民间的凝聚力乃至信仰随之发生了翻天覆地的变化，并在人民公社制度退出后再度剧烈地变化。大兴农田水利设施受到政治导向、人民公社的管理技巧和灌区建造技术系统的三重影响，“五路大军”的工程体系具有协同的优势，它的执行力可以快速推进乡村水利的进展，但当计划经济体制被突破后，形势发展对“五路大军”构成了挑战。乡村渡槽的命运始终是社会关系和工程体系合力而为的结果，它既是传统的载体，又与当下的生活相关，并将在未来依然发挥重要的作用。

向浙江大学毕业的老水利人李思普先生致敬，他自信且谦卑有容，始终以一种平等的姿态与我们探讨问题。本研究最大的启发来自华揽洪先生，他的《重建中国：城市规划三十年（1949—1979）》是一个学术的榜样，境界高度令人无限向往。这本著作以湖南省临澧县群英渡槽收尾，耐人寻味，前瞻性地为后人留下了继续开拓的议题和线索。

感谢彭震伟教授的鼓励和关键性建议。感谢东南大学段进院士领衔的科技部“十三五”项目团队，阳建强、殷铭、夏健、李立敏、寇怀云、俞文彬、徐瑾、高舒琦等老师的通力合作，本研究从中深受教益。感谢上海大学吕建昌、徐有威，同济大学卢永毅、左琰、彭怒，山东建筑大学姜波，华中科技大学谭刚毅、赵逵，东南大学李海清，清华大学刘伯英、刘亦师，以及中央美术学院何崴等教授的讨论和推动。感谢亦师亦友的朋友们始终陪伴着我们的成长。

吴杨杰、吴淑瑜多次高效地组织了现场调研，姬晨宇重点参与了福建省云霄县向东渠高架石拱渡槽的研究。他们已经在新的岗位上发挥着青年一代的作用，感谢研究生团队的集体努力。

乡村渡槽聚拢了研究兴趣点和有趣的人们。朴隅建筑的合伙人王涛、向鹏和胡霞在成都平原围绕东风渠进行了渡槽调研。他们发现渡槽拱顶下烟火缭绕的古庙、农民自发兴建的渡槽小园林，这些巨构下的点滴生活组成了川西民居和水利遗产交相辉映的光景。感谢朴隅团队为本书增添了珍贵的人情味。

感谢同济大学出版社编辑晁艳和王胤瑜。她们仿佛持有放大镜在精心检查稿件，提出了很多中肯的建议。美编付超在版式设计中动了很多脑筋。编辑们奉献了专业精神和专注度，在优化稿件的过程中功不可没。

向读者致谢，关注乡村渡槽十年，研究历时近五年，受水平和调研时间所限，纵然小心翼翼，总觉得蜻蜓点水，一旦落笔皆有缺憾，请您多指正！

本书得到“十三五”国家重点研发计划
“绿色宜居村镇技术创新”重点专项课题（2019YFD1100702）、
国家自然科学基金（51978471）的资助，谨致谢忱。

朱晓明谨记于同济大学
2023 年 4 月 18 日

图书在版编目（C I P）数据

天水飞渡：工程图景与乡村渡槽：1958-1983 / 朱晓明，王霞飞，赵颖著. -- 上海：同济大学出版社，2024.1
ISBN 978-7-5765-0761-4

Ⅰ. ①天… Ⅱ. ①朱… ②王… ③赵… Ⅲ. ①渡槽－工业建筑－文化遗产－研究－中国 Ⅳ. ①TU27

中国国家版本馆CIP数据核字(2023)第018423号

TIANSHUI FEIDU
GONGCHENG TUJING YU XIANGCUN DUCAO (1958–1983)
朱晓明 王霞飞 赵颖 著

出版人：金英伟
责任编辑：王胤瑜　晁艳
装帧设计：付超
责任校对：徐逢乔
审图号：GS（2023）4167号
版 次：2024年1月第1版
印 次：2024年1月第1次印刷
印 刷：上海安枫印务有限公司
开 本：787mm × 1092mm 1/16
印 张：14.5
字 数：290 000
书 号：ISBN 978-7-5765-0761-4
定 价：128.00元
出版发行：同济大学出版社
地 址：上海市四平路1239号
邮政编码：200092
网 址：http://www.tongjipress.com.cn
本书若有印装问题，请向本社发行部调换